Bentley BIM 书系——基于全生命周期的解决方案

AECOsim Building Designer
协同设计管理指南

赵顺耐　著

知识产权出版社
全国百佳图书出版单位

图书在版编目（CIP）数据

AECOsim Building Designer 协同设计管理指南/赵顺耐著. —北京：
知识产权出版社，2015.5
（Bentley BIM 书系：基于全生命周期的解决方案）
ISBN 978 - 7 - 5130 - 3396 - 1

Ⅰ.①A… Ⅱ.①赵… Ⅲ.①建筑设计—计算机辅助设计—应用软件—
指南 Ⅳ.①TU201.4 - 62

中国版本图书馆 CIP 数据核字（2015）第 053949 号

内容提要

什么是 BIM？BIM 可以做什么？怎样用好 BIM？这是每个基础设施工程从业人员
都必须面对，并且需要深入思考的问题。

BIM 就是基础设施行业的三维信息模型协同工作模式。这其中有两个关键因素：
一个因素是三维信息模型，它是交流设计、审核设计、交付设计、施工精细组织、
运营维护的载体；另一个因素是协同工作，就是在同一个环境下、利用同一套标准，
同时并行工作，实时交流信息。本书的重点就是在 BIM 的工作流程上，共享一些方
法和思路，帮助用户思考自己的需求，建立属于自己的流程控制和标准管理体系，
并在此基础上，再明确一些细节。

本书是特别为建筑、道路交通、市政、核电、海洋平台以及相关基础设施行业的
系统管理员或者高级的使用者准备的，以便系统划分人员职能，为做好 BIM 打下基础。

责任编辑：张　冰　　　　　　　　责任校对：董志英
封面设计：刘　伟　　　　　　　　责任出版：卢运霞

Bentley BIM 书系——基于全生命周期的解决方案
AECOsim Building Designer 协同设计管理指南
赵顺耐　著

出版发行：知识产权出版社 有限责任公司	网　　址：http://www.ipph.cn		
社　　址：北京市海淀区马甸南村 1 号	邮　　编：100088		
责编电话：010 - 82000860 转 8024	责编邮箱：zhangbing@cnipr.com		
发行电话：010 - 82000860 转 8101/8102	发行传真：010 - 82000893/82005070/82000270		
印　　刷：北京科信印刷有限公司	经　　销：各大网上书店、新华书店及相关专业书店		
开　　本：787mm×1092mm　1/16	印　　张：20		
版　　次：2015 年 5 月第 1 版	印　　次：2015 年 5 月第 1 次印刷		
字　　数：316 千字	定　　价：98.00 元		

ISBN 978-7-5130-3396-1

序

  BIM 是由技术的推动和行业的需求产生的，是模型和信息在规划、设计、施工和运维间传承的一条新的流水线。对其有效的管理是建筑全生命周期管理的精髓，它的实现需要理念、流程和工具的支撑，它的出现将为建筑行业带来新的技术革命。

  AECOsim Building Designer、ProjectWise 和 eB 软件是 Bentley 公司BIM 解决方案的三驾马车。AECOsim Building Designer 是信息模型的创建工具，ProjectWise 是基于分布式内容管理的协同平台，eB 是基于数据信息的全生命周期管理系统，三套系统的协同工作为建筑行业提供了完整的 BIM 实施工具。

  我们运用 Bentley BIM 协同系统解决了很多问题，从设计院的协同设计到施工企业的交叉施工及安全保障，积累了很多的经验，也落实了很多的细则及标准。这些经验、细节和标准，以及企业大规模实施BIM 所需要遵循的原则，在本书中有更加专业的诠释，故特别向读者推荐这本书。

  本书的作者赵顺耐先生是 Bentley 公司的 TOP 培训师和技术"大牛"，还是马拉松运动的爱好者。正如作者在书中所说的那样："只要你开始，你就会有收获，"。希望读者能够通过本书了解 BIM 协同的精髓和具体实施方法，特别是想在互联网环境下进行协同工作的企业和读者，能在本书的启迪下更好地思考和创新。

周 群 总经理

杭州恒洲科技有限公司

前　言

关于 AECOsim Building Designer 的基本使用，前期已经出版了《AECOsim Building Designer 使用指南·设计篇》，那本书是在官方教材的框架下进行修正，并不算自己真正写的"书"。这本书才是将自己对 AECOsim Building Designer 协同设计的一点心得整理出来，与大家共享，希望有益于大家的工作。

三维协同设计的概念用准确的语言来描述应该为：在项目的实施过程中，每个参与者在协同工作模式下，利用三维信息模型的模式表达设计信息、交流设计信息、确定校核设计信息，最终用一个三维的、带有正确信息的三维模型表达设计，并在此基础上输出一些图纸、报表等成果，同时又可以为后期的施工和运营提供模型基础。

因此，三维协同设计的核心内容是：大家在同一个环境下，采用同一套标准来共同完成同一个项目。所以，我们要做好三维协同设计，最重要的就是对工作内容集中存储，对工作环境（WorkSpace）集中管理，对工作流程（WorkFlow）集中控制。

特别是工作环境的管理，是三维协同设计的核心部分，它保证了在项目过程中，将一些设计的需求用同一套标准来完成，这是提高工作效率和工作质量的重要步骤。为此，我特地编写了基于 AECOsim Building Designer 和 Project Wise 协同工作环境的管理流程，其中的管理思维及模式是适合所有基于 MicroStation 应用系统的。

需要注意的是，协同工作环境的管理，既包括了技术层次，又需要相应的管理制度与人员职能划分与之配合，而后者才是 BIM 实施的重点——建立工作标准和工作流程，并有管理制度与之配合。

按照前期对 Bentley BIM 系列丛书的规划，我将先前计划的《AECOsim Building Designer 协同设计管理指南》和《AECOsim Building Designer 自定义构件流程》内容整合到本书中，以便于大家更系统地掌握各个细节。后期如果时间允许，会再出版一本关于 AECOsim Building Designer 使用流程的书。那本书从需求角度出发，重点规划、使用一些应用模块和工作流程，以得到我们的工作成果，希望自己有足够的时间来尽快完成。

需要特别指出，这本书是为系统管理员或者高级的使用者准备的，虽然每个工程师都可以来调整工作环境，但是每个人都来修改标准，也就没有了标准。这需要在 BIM 实施的过程中，首先进行人员职能的划分，才是我们做好 BIM 的基础。

最后，非常感谢李铭茹女士对本书的完善所做的努力，更感谢我的同事何立波、俞兴杨，以及我们的老板 Christopher Liew（刘德盛）先生。他们对于我做的这个事，给了很大的帮助，感谢他们！

赵顺耐

2015 年 1 月

说　明

（1）由于软件版本的差异以及翻译的细节问题，在本书中有些命令的描述可能与用户正在使用的软件存有差异，在这种情况下，只需要对应图标即可。其实操作过程大同小异。

（2）由于 AECOsim Building Designer 这一术语比较长，在本书中均使用 AECOsimBD 来代替。

（3）本书所使用的工作环境 WorkSpace 以 BuildingTemplate_CN 为例，其他的工作环境操作流程与之类似。

由于本人理解尚肤浅，错误与不足之处在所难免，望见谅。我们可以在"Bentley 中文知识库（http：//www. bentleybbs. com）"上做更多的交流。同时您也可以关注微信公众号"BentleyBBS"获得软件下载、教学视频等学习资料。如果有问题，也可以添加我的个人微信"Bentleylib"以便于我们做更多的交流。

微信公众号：
BentleyBBS

我的微信

赵顺耐

2015 年 1 月

目　录

1 工作环境的概念

首先，思考这样一个问题：工作环境有什么用？

工作环境的设置是为了满足工程项目实施过程中的需求，同时也需要注意，项目不同，需求也不同。这就需要用不同的环境来满足不同的项目类型。以下几点需要注意。

1.1 需求的种类

在现在的工程项目中，我们将注意力更多地放在"全生命周期"上，而不仅仅局限于设计环节。从综合的角度来讲，在确定我们的需求时，应该涵盖规划、设计、施工及后期的运维管理，以使三维信息模型的设计成果利用最大化。

单就设计环节来讲，需求也分为了两类：一类是二维需求，如标注样式、文字样式、图层、线型、符号、图框、图库等；另一类是三维需求，包括构件类型（如门窗、管道类型等）、构件属性的种类及属性设置等。

1.2 需求的行业特性

不同的行业具有不同的需求，即使是相同行业的不同地域，也具有不同的工程标准。例如，美国的实施标准和中国的实施标准的区别、公制和英制的区别等。

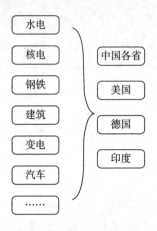

需求的行业、地域特殊性

1.3 需求的层次性

对于某个具体的用户而言，需求是分层次的：

第一，无论哪个项目的哪个专业，都需要遵循设计院（或企业）的公共标准，如图框、字体、标注样式等。

第二，遵循行业的标准，如建筑、管道、电气等行业的标准及规定。

第三，具体项目的特殊规定，这些规定是这个项目所独有的。

提示：对于不同的项目，其差异性更多地体现在第三点，而前两点几乎没有变化。针对某个具体项目的定制，只需分析项目的特殊性即可，前两部分引用或者照搬即可。

2 必不可少的需求分析过程

应用 BIM 是为了满足工程需求，需求的满足需要"技术 + 管理 + 制度"，所以，完整的工作流程应该是：

（1）分析、综合工作需求，并将需求内置到工作环境中供项目团队使用，形成工作标准。

（2）结合各专业的工作流程及需求，梳理在工作环境中的实现方式，形成各专业操作手册。

（3）根据操作手册，对项目参与人员进行技术培训，为后续的三维协同设计推广积累力量。

提示：这里有人员职能划分的要求，本书后面会讲到。这样做的目的是为了简化设计人员的操作，一个原则是：操作手册不讲原理，原理的部分在管理员手册中设计，不同的人做不同的事。

2.1 需求分析及汇总

2.1.1 工程内容创建需求

在此，需要考量创建的内容是否满足工程需求，这需要从全生命周期的角度来考量，并需要分专业，按照标准构件和专业异形构件的分类，将所需种类汇总齐全。

2.1.1.1 三维信息模型创建标准

三维信息模型分为了两类。

1. 标准构件

例如，墙体、板、屋顶、基础等，这类构件形体相对固定，属性相对统一。对于这类构件，需要分析在工作过程中的需求，然后建立相应的构件库，如增加新的墙体类型。同时，也需要注意，在系统预置的工作环境里，已经内置了大量的构件库。

2. 属性构件

属性构件形体不统一，属于异形体，但属性分类相对比较清晰。例如大坝，大坝的形体各式各样，但描述大坝的属性或者说将来我们想要得到的工程量信息等相对固定。对于这类构件，软件本身只是建立通用的数据结构，在使用过程中，用户采用通用的 MicroStation 形体操作命令建立，然后从属性库里调用属性，赋予形体即可。

这类构件的形体也可以通过第三方软件导入，但是特别需要注意的是，在导入前需要预处理，例如，将 SolidWorks 的模型进行轻量化，以避免占用太多的资源。

在定义三维信息模型时，需要对自己的需求做合理的归类，对属性进行总体控制，并考虑后期应用的延续性，如考虑施工属性、运维属性、算量属性等。

2.1.1.2　二维图纸表现标准

二维图纸表现中的一部分内容也融入了构件类型里，在定义三维信息模型时，也涉及了构件在切图过程中的表现。

二维图纸的表现标准更多地体现在建立各专业的切图模板中，而避免让使用者在切图过程中设定太多的参数。为了达到这样的目的，我们需要考虑或者收集如下需求：

（1）各专业图纸的类别，这对应着将来切图模板的建立。

（2）组成图纸的细节因素，这包括图框、标注样式、文字样式、线型、符号标注、属性标注等，以及相关的字体信息。

2.1.1.3　材料统计的需求

材料统计的需求包括统计报表的种类、工程量统计名称、计算规则、模板样式等。

2.1.1.4　渲染动画后期制作

有了三维信息模型，生成动画、渲染以及各种模拟是很容易的事情，但在前期也需要考虑材质、图层、构件的划分，以适应后期处理的需求。

2.1.2　工作内容协同需求

协同的需求是为了让协同工作过程更顺畅，提高过程的效率，使过程符合标准。

2.1.2.1　模型划分及组装原则

1. 模型划分

对于每个专业的模型划分，需要考虑以下两方面的因素：

（1）本专业的应用需求。例如，建筑专业以"层"为模型的组织单位，将不同"层"的建筑模型分别放置在不同的文件里。对于厂房专业，也可以根据专业特点以"高程"为单位进行组织。

（2）专业之间的配合关系。在制定本专业的模型划分时，也要考虑到将来被其他专业参考的使用细节，以便于其他专业有针对性地引用某一具体文件，而不是整个模型。

对于模型的层级，按照如下原则进行划分：专业－区域－模型文件。例如，厂房－主厂房－208.5高程.dgn。

2. 模型组装

整个项目模型的组装按照如下层级进行。

（1）模型文件。某一个专业在某一个区域的模型文件。

（2）专业区域组装。将模型文件以"区域"为单位进行组装。例如，厂房专业主机间三维模型组装文件。需要注意，由于在模型文件的工作过程中会相互参考，为避免重复引用，本层次参考时，参考嵌套设为0，即"无嵌套"。

参考嵌套设置

（3）专业总装文件。将不同专业区域的总装文件进行总装，参考嵌套设为1。

（4）全厂总装。将各专业总装文件进行总装，参考嵌套设为2。

因此，对于一个工程项目来讲，参考嵌套最大设为2即可满足需求，同时在最底层的组装，参考嵌套一定等于0。这样做的目的是有效地避免同一个对象的多次引用（如下图所示）。

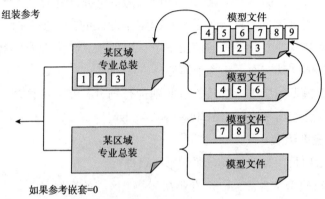

嵌套=0时，只显示主文件

在上图中，模型文件工作过程中会相互参考，在进行组装时，若参考嵌套等于0，在总装文件里只看到1、2、3三个部分。其他的4~9部分由于模型文件参考了其他文件，所以在总装文件里看不到；若参考嵌套等于1，那么在总装文件里4~9部分也就会被看到，但当再次参考4~6部分所在的模型文件时，就会出现在总装文件里同一个位置有两个模型，而你无法发现。这给后续的出图、材料统计造成很大问题，如下图所示。

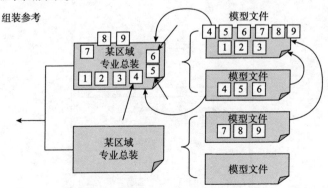

嵌套=1时，模型文件4、5、6内容重复引用

整个厂区的目录组织结构如下。

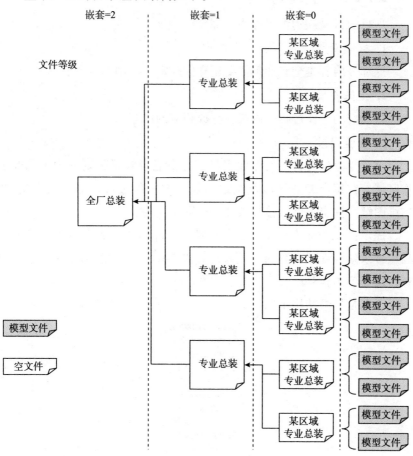

各层嵌套示意

2.1.2.2 文件命名规则

设定文件命名规则的目的是为了"见名知意",从而提高专业之间的沟通效率,当引用其他专业的工程内容时,一看名字就知道文件里的内容。文件的命名规则与工程内容的组织规则、目录结构类似。文件的命名分为5部分,各部分以英文的下划线"_"为分割符号,如下图所示。

项目名称	_	专业名称	_	区域名称	_	模型划分	_	设计者

例如,××写字楼_ 建筑_ 12#楼_ 1层_ 赵顺耐 . dgn

2.1.2.3 目录结构固化

项目的目录结构设置分为 3 部分。

1. 标准设置

这部分内容是全专业都需要遵守的规定、使用的资源。

2. 工作流程

将我们的工作过程分阶段，存放相应的内容。

3. 专业目录

每个专业都有自己的专业目录，在专业目录里又划分为不同的工作区域，在每个专业区域里又根据自己的工作过程，分为三维模型、二维图纸、提交条件、接收条件、轴网布置等。

提示：整个目录层次已经布置到了 ProjectWise 服务器上，请严格按照目录结构存放工作内容。此外，在 ProjectWise 上也已经给每个工程师设置了工作权限。

下图是目录结构示例。

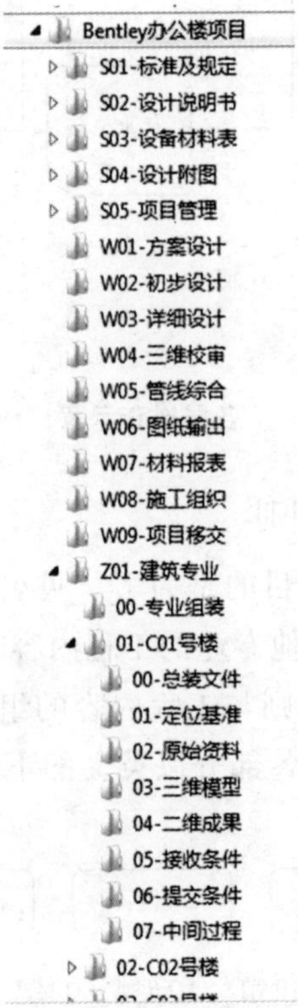

目录结构示例

2.1.2.4　协同工作定位

为了在后续专业总装阶段，各专业、各区域能定位正确，特制定如下规则。

1. 相对定位原则

场地专业都是以大地坐标为定位基准的。如果将模型放置在真实的坐标上，那就会造成偏离原点太多、精度降低、浏览切图不便等各种问题。因此，我们会在原点附近来建立模型，当有需要时，只需简单地将参考文件放置到绝对坐标上即可，而真实的模型文件还是在原点附近。

需要注意，场地开挖专业是以绝对坐标系为定位基准的，如果涉及组装及工作参数的提取，会将场地模型或者专业模型移动到相对的位置上。例如，全厂组装时，需要将场地模型移动到相对的位置。在场地开挖时，为了提取开挖参数，需要将建筑模型移动到绝对坐标上，以确定场地开挖的参数。

提示：这里说的移动是移动参考，真实的模型位置不动，为了后期移动对位正确，在项目开始前，需要建立相对的定位基准。

2. 建模正交原则

在实际项目里，很少有构筑物是"正"的，基本都有一定的角度，在这种情况下，是采取"歪的东西歪着建"，还是"歪的东西正着建"。为了提高工作效率，一般采取"歪的东西正着建立"。但需要注意的是，正着建立的模型也要基于本区域的定位基点，在组装文件里再将模型旋转到正确的角度。

2.1.3　管理制度确定

2.1.3.1　人员职能划分

应该根据工作的流程及内容做如下的人员划分。

1. 设计人员

根据使用手册完成设计任务，如果在设计过程中有需求，需要向专业负责人反映。

2. 专业负责人

将设计过程中设计人员的需求进行分析汇总，反馈给项目管理员，设定后将需求固化在工作环境里。

3. ProjectWise 项目管理员

根据管理手册，对工作环境进行控制。根据专业负责人的反馈，更新工作环境。

2.1.3.2　人员权限的设定

根据每个人工作内容的不同，应该为每个人设定不同的操作权限，并应保证正确的人用正确的权限访问正确的内容。

2.1.3.3　工作流程控制

需要通过工作流程来固化相互衔接的工作环节。

2.2　需求固化及工作环境定制

2.2.1　专业需求汇总综合

结合各专业的需求，分析需求的共同点，区别需求的共性和专业特性，以方便未来的管理。

2.2.2　工作环境层次划分

除了上述专业的共性和特性外，在此基础上，还应分析不同项目之间的共性和特性。

2.2.3　工作环境内容分类

做内容分类的目的是为了将来进行 ProjectWise 托管时，将需要日常维护的内容放置在 ProjectWise 的服务器上，而将固定不变的内容放在本地或者共享盘上，以提高运行效率。

2.2.4　工作环境内容设定

这部分内容是具体的操作过程，本书后面将有详细的介绍。

2.2.5　工作环境 ProjectWise 托管与推送

需要在 ProjectWise 的服务器上对工作环境的目录做合理划分，按照上述的分类标准进行有层次的设定。

2.3 操作手册及使用流程

2.3.1 操作手册的分类

2.3.1.1 管理类

（1）《三维协同设计环境管理指南》：主要用来控制工作环境满足设计人员的需求。

（2）《项目负责人工作指南》：主要是让项目负责人对项目过程进行动态管理，例如，人员权限的设定、工作目录权限的设定、工作过程的推进（WorkFlow）等。

2.3.1.2 使用类

使用类的操作手册主要是为了指导设计人员来完成设计，满足需求。根据需求的不同，使用类的操作手册又细分为通用类和专业类。

1. 通用类

（1）《××项目三维协同设计实施细则》：由项目管理员在项目开始前期对项目过程中的一些通用原则进行设定，其中涵盖了定位基准、目录划分、文件命名、组织架构等。

（2）《ProjectWise 协同设计使用手册》：主要分为两部分：一部分是 ProjectWise Explorer 操作，例如，文件的导入导出等；另一部分是各应用软件与 ProjectWise 集成时的通用操作，例如，在 ProjectWise 工作模式下如何参考。

（3）《多专业管线综合使用手册》：介绍在一个项目中，如何具体进行管线综合，制定详细的需求。

（4）《二维图纸输出使用手册》：如何进行图纸定义、输出、组织、打印等细节。

（5）《渲染动画后期输出使用手册》：动画、渲染、三维表现等成果输出指导。

（6）《设计校审流程使用手册》：三维设计校审工作流程。

2. 专业类

一般专业类的操作手册包括《门窗制作流程》《管道库维护流程》《自定义构件流程》等。

这些规程的规划和制定比建立一个漂亮的模型更重要，因为它形成了一个标准、环境，从而为高效的协同工作提供了保障。

3　工作环境定制基础

3.1　工作环境定制的原理

前文从需求的角度说明了工作环境就是为了满足工程项目的需求的。从技术细节的角度来讲，这些需求归结于一些资源文件。例如，构件类型、各种样式、界面资源、特定的程序、特定的图库等。

那么，这些资源如何起作用呢？都是通过一些变量来指向这些资源文件。例如，一些图库文件保存在 * . cel 文件里，然后使变量 MS_CEL 可以搜索到这些资源文件的存放路径即可。

那么，这些变量存放在哪里呢？当启动 MicroStation 或以 MicroStation 为基础的程序时，系统让我们选择了一个用户和一个项目，后台其实加载了一个用户的配置文件和一个项目的配置文件，变量就保存在这些配置文件里。对于一个具体的变量是放在用户配置文件还是项目配置文件里，取决于该变量的作用范围和优先级。

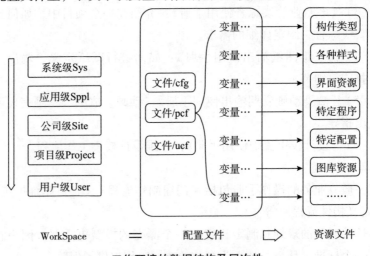

工作环境的数据结构及层次性

因此，我们的工作过程就变成了用正确的工作环境打开正确的工作内容，这是我们进行三维设计的核心。

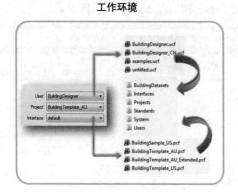 

三维协同设计工作过程

3.2 工作环境定制的通用步骤

工作环境的定制大致分为了以下两个步骤。

1. 根据需求准备资源文件 Dataset 及设置

在分析需求时，应该考虑需求的应用范围，这涉及我们将这个需求放置在用户级、项目级，还是公司级。同时，也要根据需求的层次在目录结构上划分清楚。

2. 修改配置文件

修改配置文件主要是修改、添加变量的过程。由于变量是层层引用的。因此，很多时候只需要修改根变量即可，引用根变量的附属变量会随着根变量的更新而更新。我更喜欢用"葡萄串"的原理来表述变量之间的引用关系，当提起葡萄串的根时，整个葡萄串就提起来了。

变量引用的
"葡萄串"原理

3.3 工作环境 WorkSpace 目录结构

3.3.1 WorkSpace 根目录结构

当安装了 MicroStation 或者 AECOsimBD 时，系统都会形成一个

WorkSpace 的目录，在安装的时候，系统也会让用户设定工作环境 WorkSpace所在的目录。在本案例里，我把工作目录放置在 C 盘的 BentleyWS目录下，下图是 AECOsimBD 的 WorkSpace 目录。

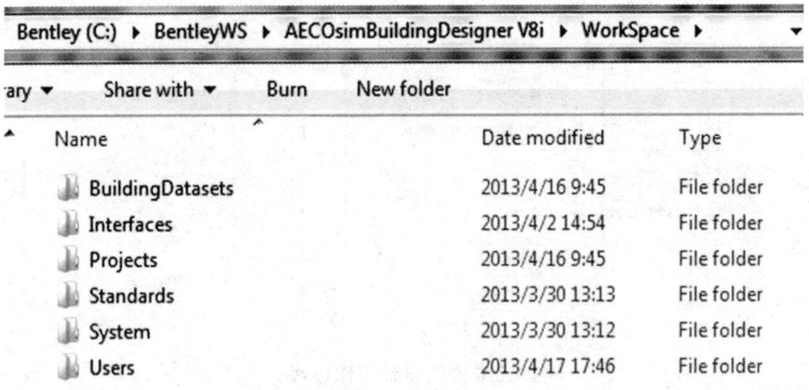

| Bentley (C:) ▸ BentleyWS ▸ AECOsimBuildingDesigner V8i ▸ WorkSpace ▸ | ▼ |

ary ▼　　Share with ▼　　Burn　　New folder

^	Name	Date modified	Type
	BuildingDatasets	2013/4/16 9:45	File folder
	Interfaces	2013/4/2 14:54	File folder
	Projects	2013/4/16 9:45	File folder
	Standards	2013/3/30 13:13	File folder
	System	2013/3/30 13:12	File folder
	Users	2013/4/17 17:46	File folder

WorkSpace 的根目录结构

WorkSpace 根目录下，各子目录的功能如下。

1. BuildingDatasets

这是工作环境核心资源文件存放目录，根据标准的不同又分为若干个子目录，以供不同的工作环境调用。在该目录下又分为 Dataset_ANZ、Dataset_US 等子目录，当安装额外的工作环境时，系统就会在该目录下添加核心的资源文件。

2. Interfaces

保存操作界面、快捷键设置等设置的目录。

3. Projects

这是工程项目存储目录，其中会根据专业的不同，存放不同类型的项目。例如，对于建筑行业的项目默认保存在 BuildingExamples 目录下。当然，在后续介绍的定制过程中，也可以更改项目保存的路径，甚至将 Projects 目录移到其他的盘符路径下或者网络共享盘上。

4. Standards

这是公司级标准的存放目录，里面有一个公司级标准配置文件 "standards. cfg" 和一组目录来存放资源文件。

5. System

这是软件调用的系统设置文件，可供所有的项目环境使用，例如，打印的配置文件、系统共同调用的材质库、种子文件等。但是需要注意，虽然有这些资源文件，但我们是否使用，取决于我们的定义文件。

6. Users

这是不同用户的配置文件，当启动 MicroStation 及其应用程序时，选择不同的用户，就是调用了这个目录的不同的用户配置文件。

3.3.2 WorkSpace 层级划分

如前所述，工作环境是由一组配置文件指向一组资源文件来定义的，同时工作环境具有层次性。因此，对于一个具体公司的工作环境，从目录结构上也可以反映出来。

1. 公司级配置

工作环境配置由放置在 Standards 里的配置文件和资源文件来定义，如下图所示。

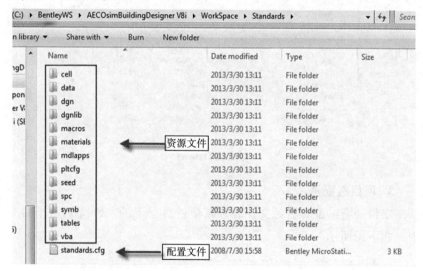

公司级 DataSet

2. 专业级配置

对于 AECOsimBD，专业级配置放置在 BuildingDatasets 目录下。以 Dataset_CN 为例，也是包括资源文件和配置文件。

提示：有些资源文件的引用配置变量，并不是完全放置在 Dataset. cfg 文件里，而是放置在项目级配置文件里。

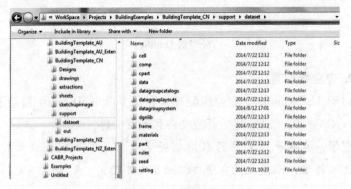

专业级 Dataset

3. 项目级配置

项目独有的配置资源文件放置在项目目录下的"Support"子目录中，如下图所示。

项目级 Dataset 根目录

项目的配置文件放置在项目的根目录下，在该文件中其实是调用了专业级的资源文件和项目独有的资源文件。

项目存储目录

因此，资源放置在哪里、变量放置在哪个配置文件中都没有太多区别，很多时候是为了层级清楚，将不同层级的变量放置在不同的配置文件中。

3.3.3　WorkSpace 资源文件目录结构

通过观察可以发现，无论是公司级的资源目录、专业级的资源目录，还是项目级的资源文件目录，目录的组织结构大致相似。当然，我们可以推翻这些结构，自己重新组织。

系统默认的目录结构含义如下。

1. Bak

这是专业级工作环境资源文件 DataSet 备份目录。当我们删除软件时，不希望我们做的设置也被删除掉，所以，卸载软件时系统会有提示，是否备份 Dataset，备份的目录就是这个目录。

2. Cell

这是单元库的存放目录。我们在工作过程中，有很多应用 Cell 的场合，这些 Cell 大多是保存在这个目录里，如家居库、卫生洁具等，这个目录很多时候是被变量 MS_Cell、MS_CELLLIST 调用。

3. Comp

这是工程量 Coponent 定义问价存放目录，被变量 TFDIR_COMP 调用。

4. Cpart

这是复合样式存放目录。

5. Data

这是结构专业截面定义文件以及国标编码定义文件存放目录，截面形状被变量 STRUCTURAL_SHAPES 调用。

6. DataGroupCatalogs

这是构件类型定义存放目录，被变量 DG_CATALOGS_PATH 调用。

7. DataGroupLayouts

这是构件报表输出模板文件存放目录，被变量 DG_SCHEDULE_LAYOUT_PATH 调用。

8. DataGroupSystem

这是构件类型属性定义文件，显示名称等文件存放目录，这是数据定义的核心文件目录，被变量 DG_PATH 调用。

9. Dgnlib

这是文字样式、标注样式、显示样式、切图模板、图层定义等文件的存放目录，很多时候被 MS_DGNLIBLIST 变量所调用。

10. Dialog

这是建筑设备 BBMS 对话框定义存放目录。

11. Frame

这是门窗、楼梯、家具等参数化模型存放目录，这些参数化组件大多是被 PCS 和 PFB 来制作，这两种工具的使用在后面有介绍。

12. Guide

这是轴网定义文件保存目录。

13. Keynote

这是设计说明文字文件存放目录。

14. Macro

这是自定义宏脚本存放目录。

15. Materials

这是材质定义文件存放目录。

16. Part

这是构件样式存放目录。

17. Rules

这是切图规则文件存放目录。

18. Setting

这是参数化构件制作设置文件、IFC 等输出文件设置存放目录。

19. Symlibs

这是电气软件符号存放目录。

20. Text

这是特殊文字存放目录

21. Vba

这是 VBA 脚本存放目录。

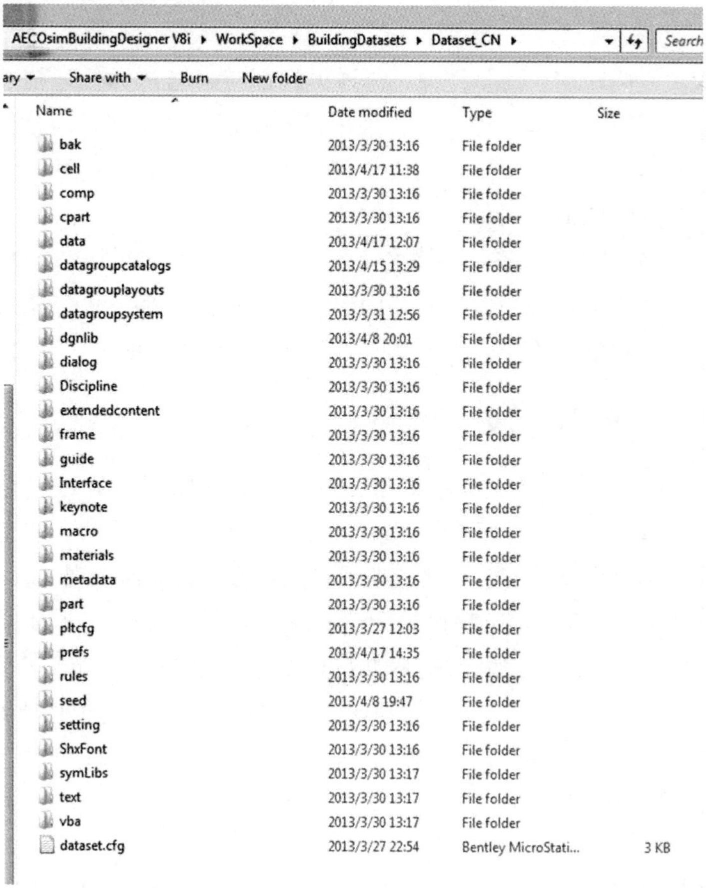

AECOsimBuildingDesigner V8i ▸ WorkSpace ▸ BuildingDatasets ▸ Dataset_CN ▸
Search
ary ▾ Share with ▾ Burn New folder
Name Date modified Type Size
bak 2013/3/30 13:16 File folder
cell 2013/4/17 11:38 File folder
comp 2013/3/30 13:16 File folder
cpart 2013/3/30 13:16 File folder
data 2013/4/17 12:07 File folder
datagroupcatalogs 2013/4/15 13:29 File folder
datagrouplayouts 2013/3/30 13:16 File folder
datagroupsystem 2013/3/31 12:56 File folder
dgnlib 2013/4/8 20:01 File folder
dialog 2013/3/30 13:16 File folder
Discipline 2013/3/30 13:16 File folder
extendedcontent 2013/3/30 13:16 File folder
frame 2013/3/30 13:16 File folder
guide 2013/3/30 13:16 File folder
Interface 2013/3/30 13:16 File folder
keynote 2013/3/30 13:16 File folder
macro 2013/3/30 13:16 File folder
materials 2013/3/30 13:16 File folder
metadata 2013/3/30 13:16 File folder
part 2013/3/30 13:16 File folder
pltcfg 2013/3/27 12:03 File folder
prefs 2013/4/17 14:35 File folder
rules 2013/3/30 13:16 File folder
seed 2013/4/8 19:47 File folder
setting 2013/3/30 13:16 File folder
ShxFont 2013/3/30 13:16 File folder
symLibs 2013/3/30 13:17 File folder
text 2013/3/30 13:17 File folder
vba 2013/3/30 13:17 File folder
dataset.cfg 2013/3/27 22:54 Bentley MicroStati... 3 KB

专业级 Dataset 目录

提示：可以根据需要来增加目录，例如，在上面的图中，增加了 Interface 目录来存放自定义工具的定义文件，还增加了 ShxFont 来存放 CAD 的形文件等。

3. 4　AECOsimBD 数据结构

AECOsimBD 是 Bentley BIM 解决方案的核心产品，它的作用是建立建筑专业的三维信息模型。从技术的角度讲，它的数据结构就是"信息 + 模型"，系统用它来表达实际中存在的"对象"。

信息是挂接到模型上的，无论是手动挂接还是系统自动挂接，采用的原理是一样的。

而对象的属性，也就表明了对象的两种含义。

1. 对象是什么——类型

对象是门、窗，还是楼梯，每种类型都有自己的属性来描述对象特定的工程属性。每种类型又分为了很多的型号，例如，门分为了单扇门、双扇门、推拉门等。无论是何种型号，它们属性的种类是一样的，但是属性的值不同。

2. 对象表达的样子——样式

这里我们用样式来表达对象的表现。这里的表现不仅仅是二维图符、图层、材质，更可以泛指其他的表达，如工程量的表达等。

3. 4. 1　对象属性的定义

AECOsimBD 定义了信息模型，信息模型的属性是通过"对象类型 + 对象样式"（英文版为"DataGroup + Part"）来设置的。前者表明了信息模型对象是什么，后者表明了信息模型对象如何表现。

换言之，对象类型（DataGroup Catalog）表明了构件是门，是窗，是墙，是管道，是阀门。如何表示这些信息模型对象呢？通过定义不同的对象类型（CatalogType），使不同的类型具有不同的属性。对于某种固定的类型，例如门，又区分为不同的门，这些门之间的差别为属性的值不同而已，而属性的种类相同，都是利用长、宽、高、门框厚度等属性来描述。

而对于某种类型（CatalogType）的某种型号（CatalogItem）的构件，按照传统的二维设计习惯，需要放置在不同的图层、不同的线性和线宽等属性。而在三维协同设计里，不仅仅需要这些特性，还需要一些特性表达三维状态下渲染的材质、二维切图时填充的图案、线符的表达、统计材料时的工程量等。为了便于设置，我们通常给构件赋予一种样式，让其具有所有的这些属性，这里其实也有 Style 的概念，我们称之为 Part（尽管 Part 没有看出有样式的意思）。

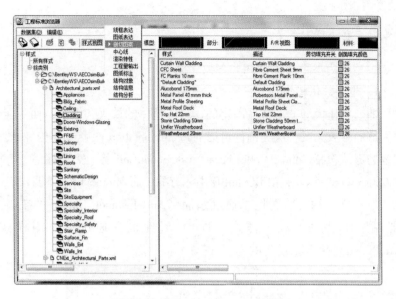

在对象样式定义时不同的属性表现

所以说，对于 AECOsimBD 定义的信息模型结构，首先需要有模型 Modeling，然后为模型添加属性［"类型 + 样式"（"Datagroup + Part"）］，在个别工具里，例如墙体，对样式（Part）的定义已经成为 DataGroup 的属性之一。

墙体对象的样式已经成为 DataGroup 属性的一部分

3.4.2 模型的定义

模型分为参数化模型和非参数化模型。

1. 非参数化模型

非参数化模型的形体是固定的，只能整体的放大和缩小，而不能调整内部的参数关系。这类构件可以通过 MicroStation 或者专业构件来做，涉及的形体包括 Solid、Cell、Form、CompoundCell 等。需要注意，Form 和 CompoundCell 是在 AECOsimBD 中才有的，而 MicroStation 本身没有。

对于这类构件，属性是通过添加（Add Instance Data）的工具来"粘贴"上去的。对于样式（Part）属性也是通过"应用样式"（ApplyPart）工具来设定的。

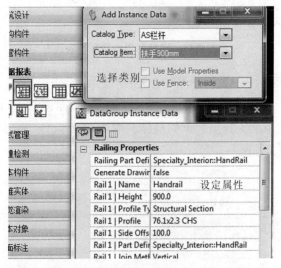

给构件添加属性表明构件是什么（**DataGroup**）

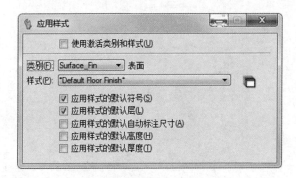

给构件附加样式属性（**Part**）

2. 参数化模型

参数化模型是通过一些参数来控制形体，修改参数时，构件也会发生改变。例如门窗对象，当修改高度时，形体的高度也会发生变化。当将 DataGroup 属性赋给参数化模型时，DataGroup 的属性就会和参数化模型的控制参数挂接，因此，当我们更改 DataGroup 属性时，系统就会通过挂接的参数来控制模型的形体。

提示：这种参数化模型与属性的联动不是用 Add Instance Data 的工具附加上去的，而是通过系统提供的方法和步骤来完成的，详细过程请参见具体的构件类型定义。

参数化模型的种类在 AECOsimBD 里有两类，即 PAZ 格式和 BXF 格式。它们分别是用 Parametric Cell Studio 和 Parametric Frame Builder 来创建，我们称之为参数化单元和参数化框架。这两个工具在后面将有详细的介绍。

**参数化模型
定义工具**

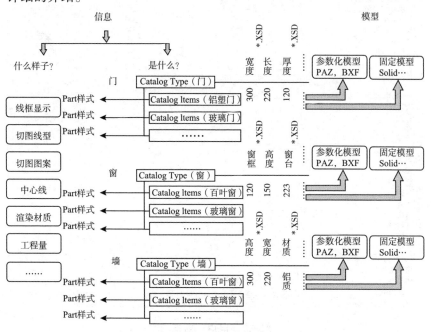

AECOsimBD 的数据结构

理解 AECOsimBD 的数据结构，是定义、扩展系统构件的基础，对于自定义对象的流程，后面将有详细的介绍。

3.5 工作环境 WorkSpace 核心变量及工具

3.5.1 变量的层级定制

如前所述，工作环境的定制就是准备好我们所需要的资源文件，然后修改变量指向资源文件即可。而变量之间又是相互引用的，所以，一些核心变量或者说根变量影响着其他的变量的指向，我们称之为"葡萄串"原理。

工作环境是分层级的，层级又有优先级。因此，工作环境是由多个层级的配置文件的变量而设定的。

工作环境的变量查询可以通过菜单"WorkSpace→Configration"来查看，如下图所示。

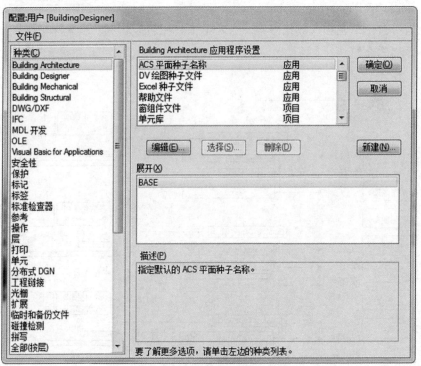

"配置：用户"对话框

上图的右侧，每个变量都有它的层级属性［Level，不要和图层混淆，中文译为"全部（按层）"］，Project/Appl ication 分别指项目级别和应用级别。

提示：这里的层级是变量被最后一次编辑的层级，往往一个变量在多个层级里都有定义，这里的 Level 显示它被定义的最高层级。

3.5.2　核心变量介绍

下图中所示变量是一些在 AECOsimBD 里常用的变量设置。需要注意的是，不同的应用程序有自己独特的变量，可以通过左侧的"类别"进行导航，对话框中的右下方是解释。

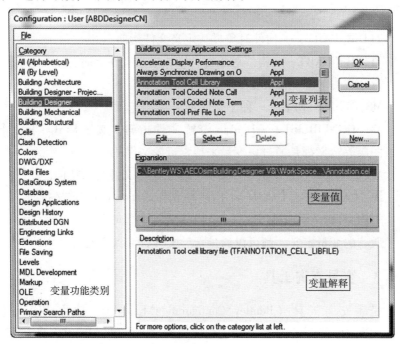

英文版变量设置对话框

提示：通过这种方式的修改，会将这些更改保存在用户的配置文件里，如果想明确编辑某个层级的配置文件，需要直接打开进行编辑。

默认情况下，有些系统级变量是无法显示的，如变量_TF_WORK-SPACEROOT。为了显示所有的变量值，我们可以在环境的配置文件里，加入一条控制语句：

_USTN_DISPLAYALLCFGVARS = 1

这个变量的作用就是显示其他的隐藏变量的设定。

一些核心变量如下所示：

_USTN_WORKSPACEROOT——MicroStation 工作环境的目录指向。

_TF_WORKSPACEROOT——AECOsimBD WorkSpace 根目录，实际上，它与_USTN_WORKSPACEROOT 指向相同。

TF_DATASETS——AECOsimBD 工作环境资源文件 Dataset 的根目录，在这个目录里，每个目录就是一种类型的工作环境。

TF_DATASETNAME——当前使用的工作环境名称，系统会在 TF_DATASETS 指向的目录中找此名称的子目录来读取资源文件。

PROJ_DATASET——项目都有的工作环境资源文件指向。

TFDIR_PART——构件对象样式定义文件指向。

TFDIR_CPART——构件对象复合样式定义文件指向。

TFDIR_COMP——工程量定义文件指向。

MS_DESIGNSEED——种子文件定义。

MS_DGNLIBLIST——DgnLib 资源文件指向，文字样式、标注样式、图层等定义都是通过该变量来搜索资源文件的。

MS_DWGFONT_PATH——CAD Shx 字体形文件目录指向。

DG_CATALOGS_PATH——构件类型定义 DataGroup 定义指向。

STRUCTURAL_SHAPES——结构截面文件指向。

所有的变量定义，都可以通过帮助文件查询到它的含义。

3.5.3　变量查询工具

变量查询工具（Bentley Configuration Explorer，简称 BCE）是 Bentley 桌面应用程序变量查询的快捷工具，可以通过 Bentley 官方网站的免费区下载。利用该工具，可以检索跟踪某个应用程序在启动某个工作环境时，系统启动了哪些配置文件、启动的顺序、变量的值以及变量的链接关系。

下载 BCE

BCE 的快捷方式如右图所示。

系统启动时，首先弹出"Process Configuration"对话框，提示选择需要检测哪个应用程序、哪个用户、哪个项目的配置文件，如下图所示。

Bentley
Configuration
Explorer

BCE 图标

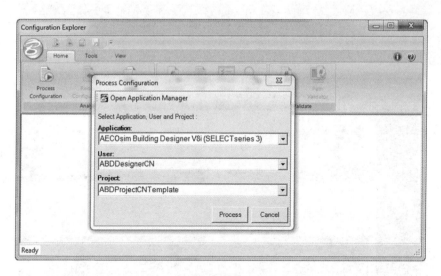

BCE 启动界面

点击"Process"时，系统开始搜索并给出报告。当配置工作环境时，也可以通过此方式检测配置是否有错误。

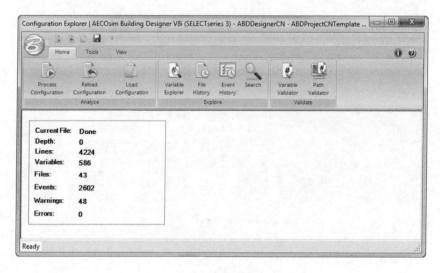

工作环境运行报告

可以通过 File History 功能来查看启动了哪些配置文件，以及每个配置文件的变量设置。

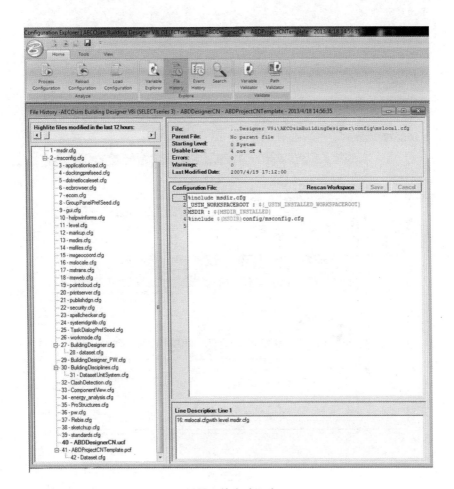

配置文件启动顺序

Variable Explorer 可以用来搜索某个变量，并可以看到这个变量受谁影响，以及会影响谁。

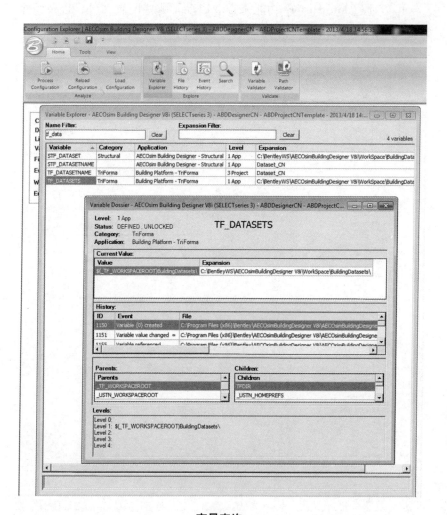

变量查询

更详细的操作，请参阅 BCE 的帮助文件。

4 三维信息模型定制流程

4.1 信息模型对象调用流程

4.1.1 工作流程

当放置一个信息模型对象时，其实就是通过一个指令从库里拿一个东西，通过定位放到文件里，其原理如下图所示。

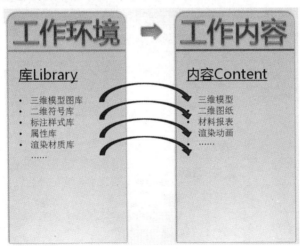

工作的原理

对于 AECOsimBD 来讲，系统定义了一系列的构件类型，在每种类型下又有不同的型号，如下图所示。对于不同的应用模块，如建筑、结构，当点击某个放置命令时，系统其实是通过用户自定义的方式或者系统预置的放置，调用对象类型下的某个型号，然后放置在文件中，形成三维信息模型。放置构件的过程，可以设定构件相应的参数，或者调用预置的型号参数。

后台提供的构件类型及型号

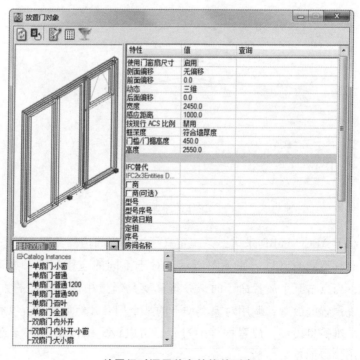

放置门时调用前台的构件列表

仔细对比就会发现，对于"门"这种类型，前台调用的和后台提供的是一致的。这个原理对任何专业都是通用的。

4.1.2 调用的原理

对于建筑、结构专业来讲，调用的过程是：点击图标，图标执行一个命令行（Keyin），命令行引导一个对话框，然后读取后台的型号列表让用户选择。

对于建筑设备对象，其过程与之类似，只不过点击一个图标时，图标链接的命令行直接调用后台的某个型号。

以门为例，点击图标，系统执行了一个"ATFPLACE assembly door"的命令行，这个命令行引导了对话框，然后放置。这个过程其实也可以通过菜单"实用工具→命令行"来执行。

对于风管，后台执行了如下命令行：

BMECH PLACE COMPONENTBYNAME RectangularDuct Default dsc = HVAC

仔细分析后，会发现其中的"RectangularDuct Default"分别是类型和型号，在后台的数据库里可以找到对应的信息，如下图所示。

后台与之对应的信息

提示：对话框中显示的是中文类型，而系统调用的是中文显示背后的英文指令。在软件提供的帮助文件里，可以找到任何命令的命令行。

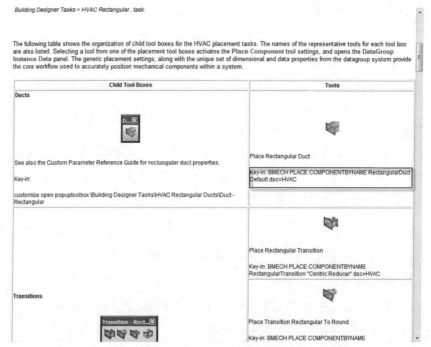

帮助文件里的命令行信息

4.2 扩展数据类型

4.2.1 开放的数据结构

对于系统类型和型号，用户都可以进行扩充，也就是说，系统提供了开发的数据结构，允许用户根据自己的需求来定制。用户可以完成以下工作。

1. 建立自己的数据类型

对于系统不存在的对象类型，用户可以扩展，扩展后即可建立自己的命令行、图标、工具栏等来调用自己建立的对象类型。

自定义的工具栏调用定义的类型

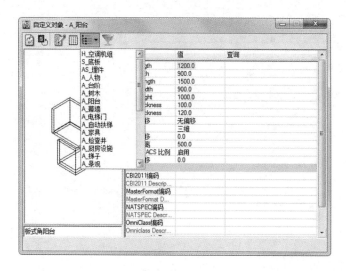

自定义的阳台类型

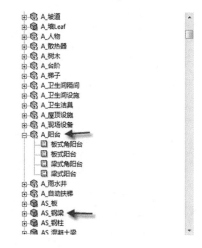

存储在后台的自定义类型

从上图可见，系统预置的对象类型和用户自定义的对象类型图标是不同的，用户自定义对象类型的图标有个头像，以作为区分。但无论是系统预置的，还是用户自定义的，在后续的使用流程中是一样的，没有任何区别。

2. 扩展已有对象类型的型号

无论是系统预置的对象类型还是用户定义的对象类型，都可以在使用过程中增加新的型号。建立一种新的型号后，就可以设定一些属性，其中也包括了到后台链接哪个模型文件、具有什么属性。

新建型号图标

提示：当新建一种型号时，系统会让用户选择一个新型号的存储文件，可以选择一个已有的，也可以新建一个。当然，这个文件必须放置在固定的目录下以供系统搜索，它是一个 XML 格式的文件。

强烈建议新建一个 XML 文件，并以合适的文件名与系统预置的文件进行区分，这样做的好处在于，在系统升级的时候，很容易区分哪些是自定义的，哪些是系统预置的。

新建型号的参数设定

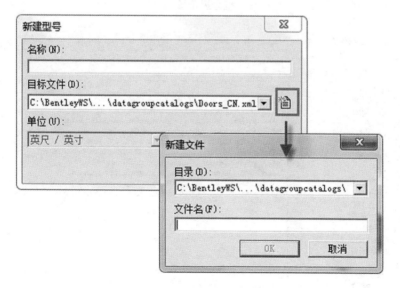

新建一个文件存储新的型号

3. 为已有的类型增加新的属性

在对象类型管理器中，有两种显示方式，即型号显示模式和类型
显示模式。在类型显示模式下，用户可以看到此类型链接的属性定义

文件（*.XSD），也可以通过系统提供的属性编辑器来编辑、新建属性定义文件附加给对象类型，对象类型就具有了用户定义的属性。

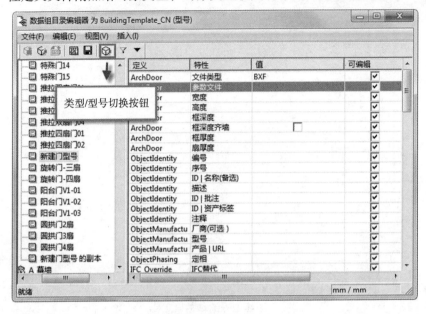

型号显示模式

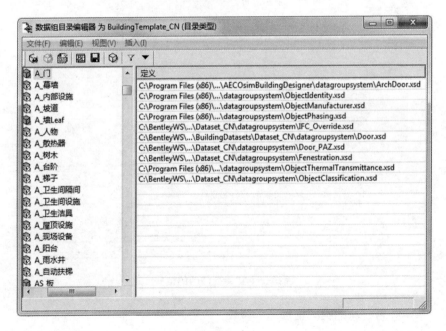

类型显示模式

从上图的右侧可以看到该类型添加的属性定义文件，这些文件控制着用户放置门时具有哪些属性，其中也有对应关系，如下图所示。

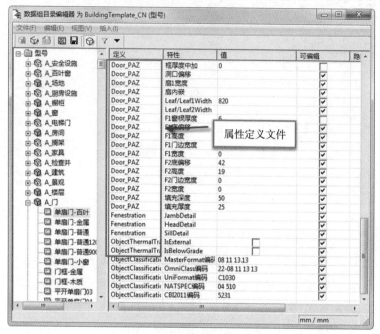

属性与属性定义文件对应

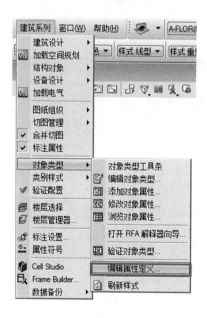

编辑属性定义

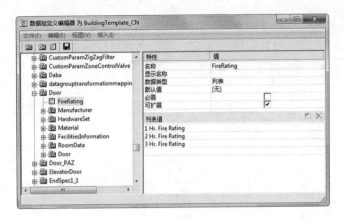

属性编辑对话框

4.2.2 已定义文件的存储与控制

无论是对象的类型还是对象的型号，在后台都是存储在 XML 文件中的，如下图所示。对于这些文件，当采用命令来做某种操作时，系统自动写入 XML 文件，即 XML 文件是系统维护的，不需要人工干预。因此，在定制过程中，不要随便手动更改 XML 文件，除非用户是一个超级高手，因为 XML 文件之间是有关联的，只有弄懂了其中的关联和细节，才可以"手动"操控它，在实际的工作过程中，还是不用为好，不要给自己找麻烦。

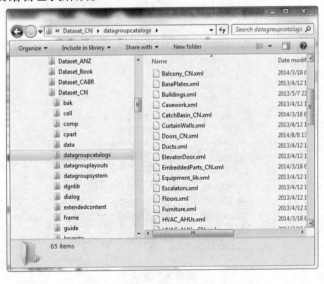

XML 存储文件

4.3　三维信息模型的定义

4.3.1　模型的定义

模型（Modeling）是信息的载体，所以，无论是对象类型（DataGroup）属性还是样式（Part）属性，都需要粘贴到模型上。需要注意的是，属性以"个体"为挂接单位。因此，为了给"整个"构件挂接属性，需要在模型准备阶段将组成模型的"各个零件"组合在一体，成为一个整体。通常情况下，对于固定的模型，通常做成单元（Cell），对于参数化构件，通过 PCS 或者 PFB 来将一组零件组合成一个整体。

4.3.1.1　非参数化模型的制作

1. 单元

单元（Cell）等同于 AutoCAD 里的块（Block）。在 MicroStation 里可以将 AutoCAD 中的 Block、SkechUP 的 Skp 文件都作为一个块来使用，在链接一个 Cell 库时，可以链接多种格式。

链接 Cell 库界面

微信公众号：
BentleyBBS

从文件格式上，*.cel 文件和 *.dgn 文件格式是相同的，所以，用户可以直接打开 *.cel 文件，以创建、编辑 Model 的方式来操作一个单元 Cell，具体的细节在此不再赘述，请参考 MicroStation 操作教学视频（可以扫描左侧二维码下载教学视频）。

2. 复合单元

复合单元（CompoundCell）只在 AECOsimBD 里才有，它是保存在 *.bxc 文件里的"二三维"图块，在用户定义时，需要分别定义它的三维模型、二维图符、开孔器、原点。其中开孔器用来给临近距离的对象开洞，例如，一个消火栓放置在墙体上时，可以通过开孔器给墙开洞。

提示：*.bxc 文件必须放置在工作环境的 Cell 目录下，才可以被系统搜索到。

创建的步骤如下：

（1）选择工具。

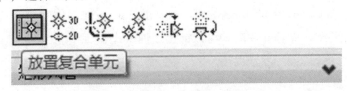

复合单元管理工具

（2）新建 BXC 库或者使用当前的库。

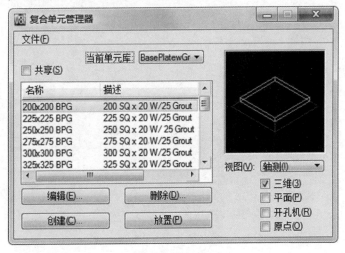

新建复合单元库

（3）选择创建"Create"。

创建符合单元

（4）分别选择三维模型、二维图符、开孔器、原点，然后点击相应的按钮。

（5）点击"OK"按钮，输入名字即可。

4.3.1.2　参数化模型创建工具

参数化模型包括了以 PFB 工具创建的 BXF 文件和以 PCS 工具创建的 PAZ 文件。Parametric Frame Builder 主要用来创建比较规则的形体，而 Parametric Cell Studio 则是一个独立的参数化模型创建软件，可以创建任何复杂的参数化形体。

PCS 和 PFB 的使用细节见后续章节的内容。

4.3.2　信息的定义

4.3.2.1　构件类型定义

若要定义一种新的构件类型（DataGroup），需要遵循如下步骤。

（1）规划对象类型需要哪些属性，这些属性哪些是所有对象类型公用的，哪些是这类对象类型独有的。

提示：这些属性是放置在属性定义文件 XSD 里，XSD 文件可以被添加给任何类型。属性定义文件通过属性定义编辑器（Defination Editor）来操作。

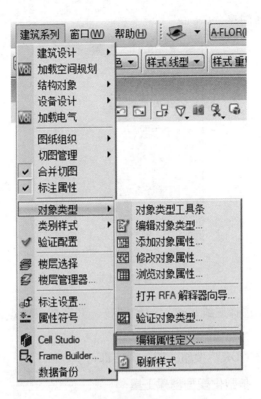

编辑属性定义

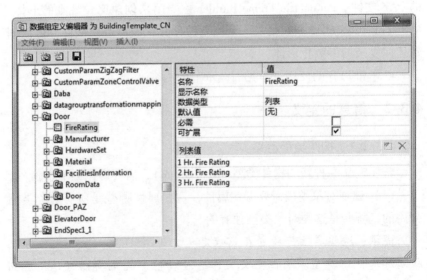

编辑属性

（2）在数据组编辑器（DataGroup Catalog Editor）里关闭型号CatalogItems显示模式。

打开对象类型 CatalogType 显示方式

（3）创建新的构件类型 CatalogType 类型。

提示： 为了让系统所识别，用户需要将新的构件类型放置在以"_Dataset_catalogtypeexts"为文件名的 XML 文件里，这样做的目的是为了让系统的特定工具来识别。如果用户按照自己的命名规则，那么，在后续的属性挂接过程中，只能手动挂接，而不能实现自动挂接的操作。

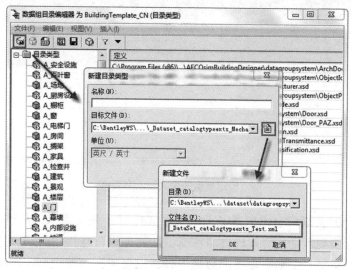

新建类型放置在特定的文件里

　　需要特别注意的是，用户可以将新建的类型放置在系统预置的 _Dataset_catalogtypeexts_Test. xml 文件里，也可以保存在自己建立的文件里。如果是前者，"单位"选项里是不让用户来设置的，系统沿袭原有的文件设置。如果是保存在用户建立的 XML 文件里，需要设置为正确的工作单位"mm/mm"。构件类型的名字也要采用英文，如果想显示为中文，则要通过设定类型的显示名称来实现。

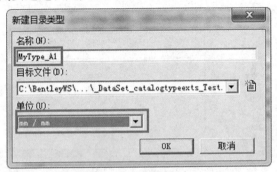

设定文件单位和类型名称

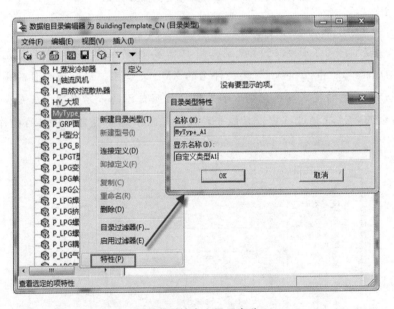

设定类型的中文显示名称

　　（4）为新类型添加自定义的属性文件以及系统提供的属性文件，如果用户想后期实现系统自动将模型和属性进行挂接后自动放置，那么就要添加几个系统预置的属性文件，以便于被系统识别。同时，也可以与参数化构件的属性联动。

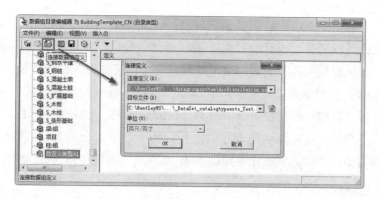

添加属性定义文件

提示：目标文件需要选择建立对象类型时的 XML 文件，上面的属性定义文件为系统预置的，或者是用户使用"属性编辑器"创建的属性定义文件。

如前所述，如果用户将来要让系统自动到后台去拿模型，必须要链接系统的属性定义文件，一般情况下，链接下面三个即可：

1）Patadef. xsd。该文件用于将来让系统根据其属性找到链接的模型文件，支持 BXF、PAZ、BXC 以及 Revit 的族文件（需要特殊设置）。

2）ObjectPhasing. xsd。该文件用于设定 AECOsimBD 里所有对象类型的通用属性。

3）ObjectClassification. xsd。该文件用于为 AECOsimBD 里的对象类型设定分类编码特性。

链接完毕后如下图所示，用户可以发现三个属性文件分别位于不同的目录，这些目录是通过变量来指定的，不要随便更改其位置。

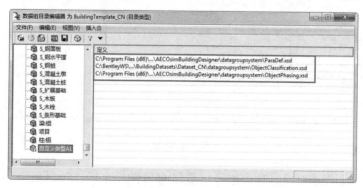

链接系统预置的系统文件

当然用户也可以链接其他的属性。从这个意义上讲，一个属性定义文件可以链接给所有的对象类型。至此，我们已经建立一种对象类型，如果有编程经验的话，这个过程是一个创建"类"的过程。

（5）为对象类型建立具体的型号，切换到型号的显示模式，此时会发现，在建立的对象类型下没有任何的"实例"（型号）存在。

下面就是建立不同的型号的过程。为了后续区分的方便，我们把不同类型的型号分别放在不同的 XML 文件里，系统也是这么组织的。

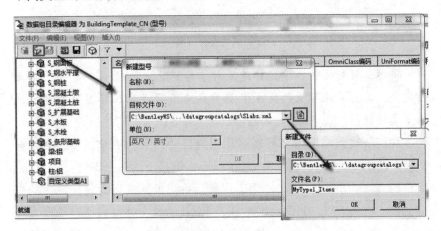

新建型号的过程

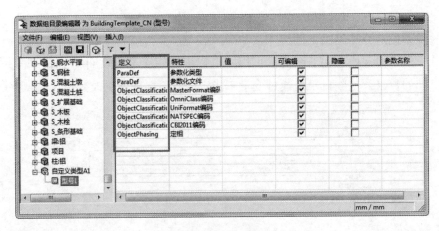

建立的型号

从上图中可见，这个型号之所以有属性是由于这种对象类型链接了不同的属性定义文件的缘故。

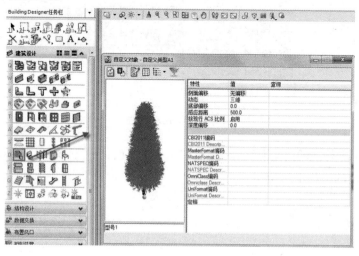

用户自己建立的 XML 文件及系统预置的文件

由于用户定义的系统类型链接了系统预置的 ParaDef. xsd 文件，只要设定合适的参数，系统就会到特定的目录下找到特定的模型，然后自动放置。用户可以通过建筑模块的自定义对象工具来放置用户定义的对象类型。当然用户也可以手动将属性强制粘贴给任何的对象，这在后面会讲到。

放置自定义类型

提示：如果用户建立了新的模型（Cell、Paz 等），需要重新启动软件，以让系统启动时可以索引到新的模型。

4.3.2.2 构件样式定义

上述过程，定义了构件是什么、具有什么样的属性。当放置这些对象时，它们放在哪个图层，切图时如何被表达，渲染时表现何种材质，这就需要对象样式（Part）来控制。

对象样式是通过菜单项"类别样式"来操作的，如下图所示。

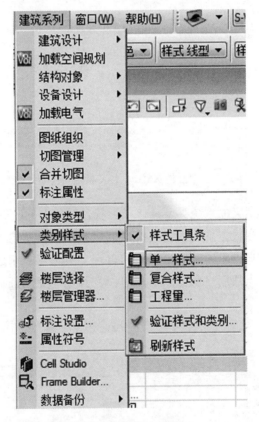

引导对象样式对话框

对象样式的具体细节，是通过"工程标准浏览器（Dataset Explorer）"来设定的，如下图所示。

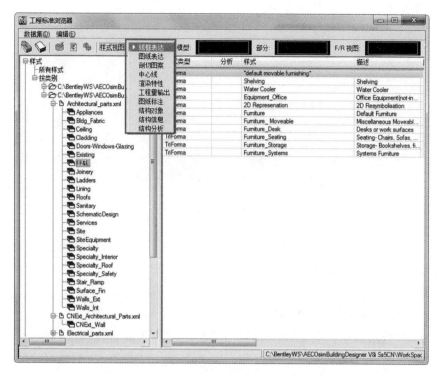

工程标准浏览器

通过对象样式，可以控制对象在不同场合下的表现属性，不仅仅是外观，还包括了出图、统计工程量等各种属性。对于各种属性的设定，用户可以通过属性列表直接控制，也可以通过该样式的右键菜单来控制。一般建议采用右键菜单方式。

调出特性对话框

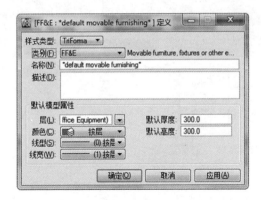

特性设定对话框

微信公众号:
BentleyBBS

下面对样式控制的特性类别做简要介绍，具体的细节操作可到 Bentleybbs. com 观看详细的操作视频（可扫描左侧二维码下载教学视频）。

1. 线框表达（Defination）

"线框表达"的属性控制，用来指定构件被放置在哪个图层上，线型、线宽，以及默认的厚度和高度。例如，创建墙时，系统可以默认调用默认的厚度和高度。

提示：厚度和高度对于某些对象来讲无效，例如，在管道布置时，我们也调用样式来区分不同类型的管道，但这里的宽度、高度对管道这类构件无效。

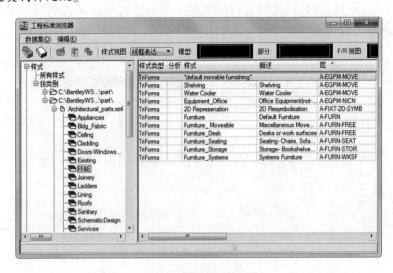

线框表达属性设置对话框

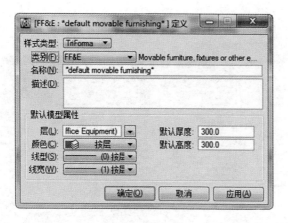

Defination 属性定义

2. 图纸表达（Drawing Symbol）

此类别用于设定当具有此样式的对象被输出二维图时的表现，在里面的"合并"选项是指沿用某一种样式的出图设定，这样被沿用的样式做了更改时，当前样式的出图设定也就更改了。通过这种方式，可以将多种混凝土，与一种样式进行合并，从而实现批量的设置。同时具有这些被"联合"的样式的构件相连时，中间的连接线也会被去除（如果切图时设定）。

图纸表达属性设定

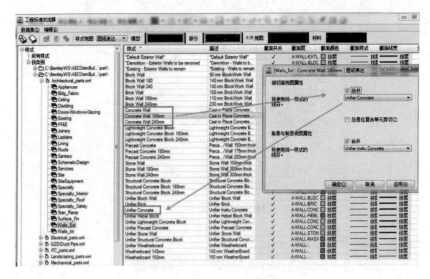

多种混凝土共用一种切图设定

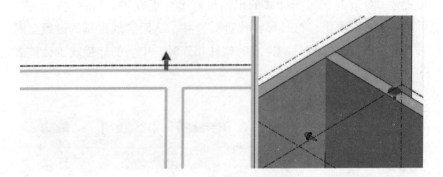

关联的样式出图时自动合并

3. 剖切图案（Pattern）

当对象被剖切到的时候采用何种图案填充方式，系统提供了斜线、十字交叉线、图案三种图案填充方式。当采用图案这种填充方式时，可以在右边选择合适的填充图案。选择这些图案系统读取工作空间 Cell 目录下的文件。

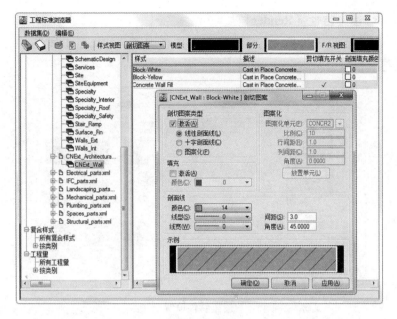

剖切图案设定

4. 中心线 （Centerline）

需要注意，中心线的设定对于墙体等线型对象才有意义，对于没有方向性的对象无效。

中心线设定

5. 渲染特性（Render）

在此类别设置里，直接在列表内选择即可，如果点击属性，系统会打开材质编辑器。

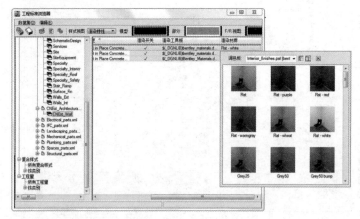

渲染特性设置

6. 工程量设置

在工程量设置的对话框里，设置了当统计工程量时哪些工程量会被提取、计算的规则，等等。

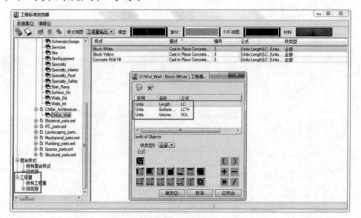

工程量设置

除了上面的类别，我们还可以设定其他的样式特性，在此不再赘述。当然对于某些特定的对象，例如复合墙体，系统也提供了复合样式的概念。这类似于在 MicroStation 里单线和多线的设置。关于这一点，建议用户还是看看培训的视频（可扫描左侧二维码下载教学视频），在此不再浪费太多的篇幅。

微信公众号：
BentleyBBS

其他属性对话框的设置与之类似，同时通过对样式的组合，可以形成复合样式（CompoundPart）的设置。

在上述样式（Part）设置时，会用到一些图层。需要注意的是，这些图层不是直接建立在当前文件或者种子文件里，而是放置在一个统一的 Dgnlib 文件里，被系统所调用。后面介绍的文字样式、标注样式也与之相同。工作空间里与图层相关的控制信息如下。

1. 控制变量

BB_LEVEL_DGNLIBLIST

2. 存储目录

\ BuildingDatasets \ Dataset_CN \ dgnlib

3. 存储文件

Levels_XXXX. dgnlib，只要被变量搜索到就可以。

4. 操作步骤

在 Dgnlib 文件里新建图层，然后让变量搜索到，在定义 Part 时就可以使用这个图层，在工作环境里也可以看到这个图层。

4.3.3　模型与信息的挂接

在上述过程中，我们已经建立了模型，也建立了属性（对象类型＋样式），如何让它们挂接呢？在建立上述对象类型时，其实已经令系统自动挂接了后台的模型。当然，要实现这样的方式，就必须遵循特定的步骤。从通用的意义上讲，可以将任何属性挂接给任何对象。

4.3.3.1　手动挂接

首先，挂接对象类型（DataGroup）属性。

给构件添加属性表明构件是什么（**DataGroup**）

其次，挂接样式。

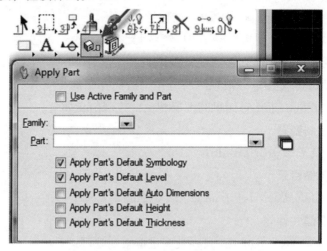

给构件附加样式属性（Part）

4.3.3.2 自动挂接

自动挂接的过程，就必须要沿袭前述自定义设备的步骤。

提示： 前述构件属性和模型的架构是通用架构，而前述的定义的步骤只是以建筑类构件为例。在 AECOsimBD 里，不同专业的自定义对象会有不同的方式，有些特定的组件，类型是不可以定义的，但可以增加型号。

现在在 AECOsimBD 里，已经将四个专业的功能合在一起，一般情况下，上面讲的第一种方式，其实可以应对所有的专业的设备，这也是为何 AECOsimBD 开放数据结构强大的原因。

4.3.4 建筑类对象定义流程

4.3.4.1 自定义对象

对于自定义对象的流程，前面已经讲了大概的步骤，下面再详细梳理一下。

1. 模型的创建

模型无论是固定的模型 CEL、BXC，还是参数化的 PAZ 文件，必须放置在 Dataset_CN \ Cell 目录下。如果是门窗，需要放置在 Frame 相应的目录下。

2. 属性的定义

（1）定义属性。启动属性定义工具，如下图所示。

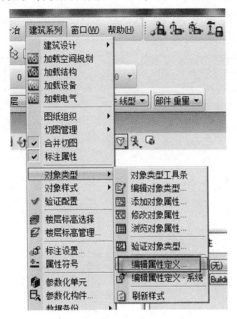

启动属性定义工具

建立属性定义文件，如下图所示。

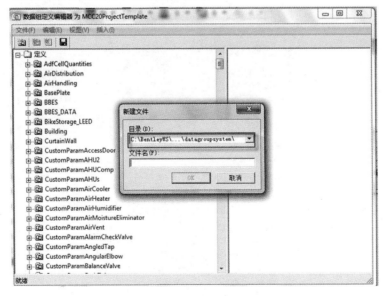

新建属性定义文件

提示：属性文件是放置在系统级，还是项目级，这决定了属性文件 Xsd 放置在哪个目录。

文件名和属性名必须是英文，但是显示的名称可以是中文，同时注意属性的类别。

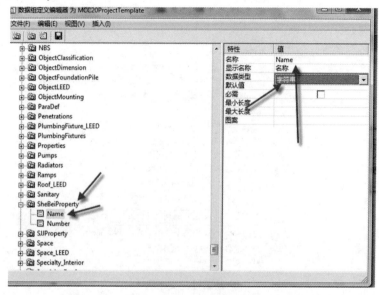

建立属性，可以分组

（2）定义类型。启动定义类型工具，如下图所示。

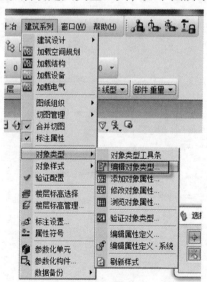

启动定义类型工具

首先回到类型（CatalogType）显示模式。

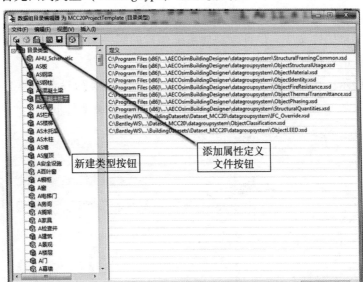

建立类型，添加属性

利用新建类型按钮来建立自己的类型，需要注意如下几点：

- 名称必须是英文。
- 类型保存的文件必须是"_Dataset_catalogtypeexts. xml"或者以"_Dataset_catalogtypeexts"为前缀，如"_Dataset_catalogtypeexts_CN"，如下图所示。

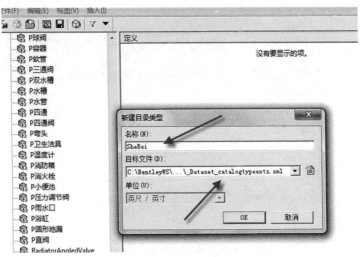

建立新的类型

给类型链接属性，链接属性的存储文件也必须是前面保存类型的
XML 文件。在此，我们放置在_Dataset_catalogtypeexts. xml 中，找到前
面定义的属性文件，也可以添加系统预置的属性文件，以便于利用系
统默认的属性。

提示： 在规划属性定义文件时，如果多种类型的设备都具有的属
性，应该定义单独的属性定义文件，以供所有的类型引用。

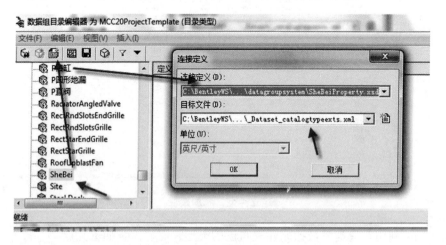

链接属性文件

为了引用模型组件，必须添加 ParaDef. xsd 文件，这是为了让系统
到固定的位置找到相应的模型。

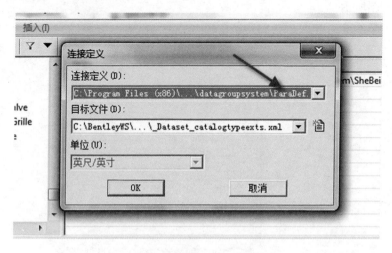

链接 ParaDef. xsd 文件

完成后情况如图所示。

点击类型/型号显示模式切换按钮，如下图所示。

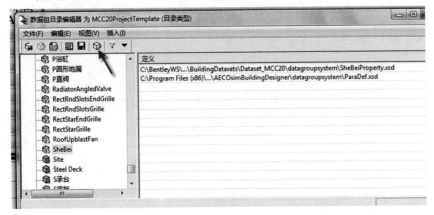

新建型号

如下图所示，点击"新建型号"按钮。

提示： 为了区分不同的设备，也为后续维护方便，建议不同类型的设备建立单独的文件来存储，存储时，也涉及是系统级还是项目级，应该与前述的属性文件存储位置相同。

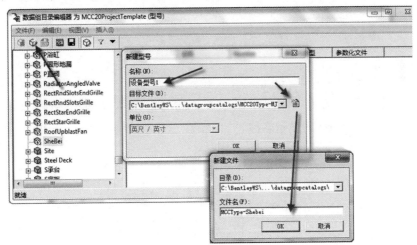

建立新文件保存型号

由于是新建立的文件，应注意选择单位，如下图所示。后续再建立型号时，直接选择这个文件即可。

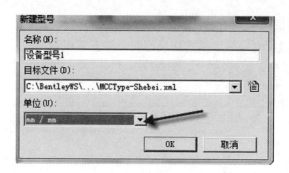

设定文件存储的单位

然后，设定该型号的参数，特别是制定参数化的类型及调用的文件。

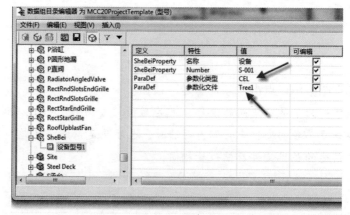

设定参数

为了显示方面，用户可以在类型的右键菜单里点"特性"（属性），更改为中文的显示名称。

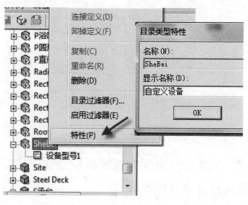

设定显示名称

至此，自定义设备完毕，效果如下图所示。用户可以将其添加到菜单或者工具栏里直接调用该种类型。

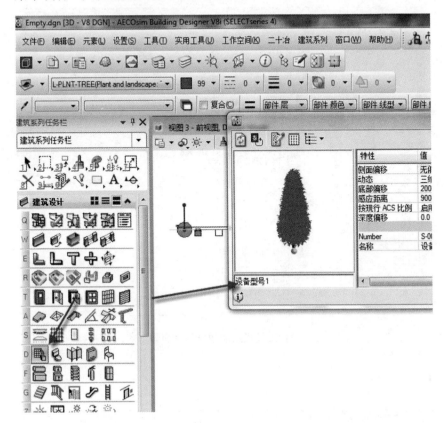

调用建立的类型对象

4.3.4.2　门窗的定义

门窗及其他构件的定义，其实是扩展已有对象类型的型号，这个过程重点在于建立门窗的参数化模型，然后增加新的型号调用这个参数化模型即可。参数化模型的创建过程，可以参阅后面讲到的 PFB 和 PCS 的操作过程。在此只讲解增加型号的过程。

在 AECOsimBD 的创建对象对话框里有一排按钮，通过这些按钮可以直接启动数据组类型编辑器，如下图所示。

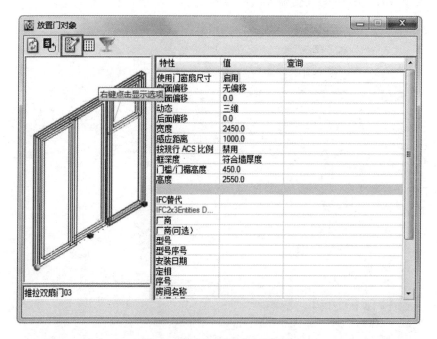

通过工具栏启动数据组编辑器

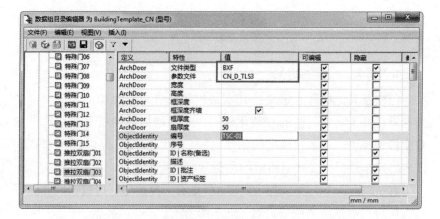

链接后台的模型类型及名称

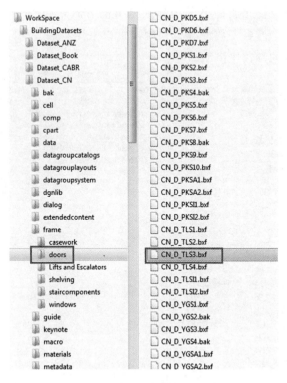

后台存放门窗模型的文件及目录

从模型的角度讲，系统无法判断什么模型是门，什么模型是窗。直到它被不同的数据类型调用，赋予模型属性，它才可以成为真正的信息模型。

对于其他构件的操作方法大同小异，用户都可以看到在后台调用的参数化模型或固定的模型。

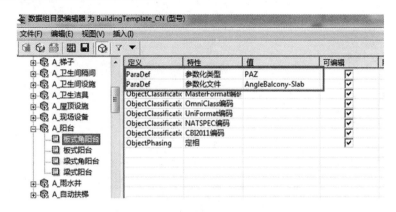

阳台调用的参数化文件

用户可以在此类型下采用新建型号的方式来建立一个新的门窗、阳台等对象。但更多数情况下，用户可以采用复制、粘贴的方式，然后更改链接的参数化模型即可。

复制已有的型号

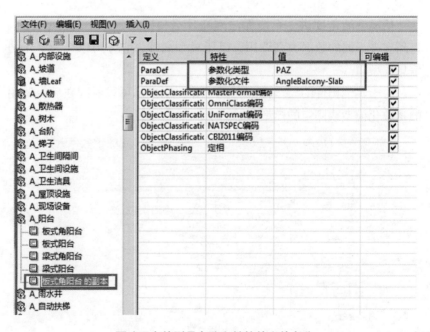

更改已有的型号名称和链接的文件名称

4.3.5 建筑设备类对象定义流程

4.3.5.1 风管设备的定义

在建筑设备模块里，不同的对象由不同的方法生成，大致分为如下两类。

1. 系统通过代码来生成

对于这类设备，如果用户想定义，需要利用代码来生成。例如，风管、阀门以及风管上的设备。扩展这类设备，需要用户具有代码编写的能力。其实建筑设备模块大部分都是通过 VBA 代码来生成的，用户可以通过 VB 编辑器来查看代码，如下图所示。

VBA 代码编辑器

启动后会弹出如下界面，用户可以对代码进行编辑，从而对系统的功能进行扩展。

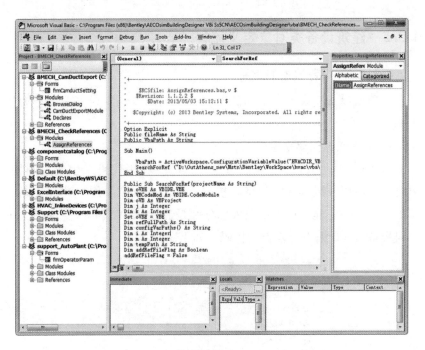

代码编辑界面

2. 通过调用后台的模型库来生成

这类设备的定义方式与前述建筑类对象相似，只不过沿袭的规则不同，因为对于建筑设备对象来讲，除了模型和属性外，还需要确定设备对象接口的位置、方向以及尺寸，外部的尺寸参数可以传到设备上。这也要求风管设备的对象定义必须沿袭一定的规则。

对于这类对象的定义，建议通过扩展已有的型号，添加新的模型。现以 AHU 对象为例，当放置一个对象时，在属性框里发现了如下信息：

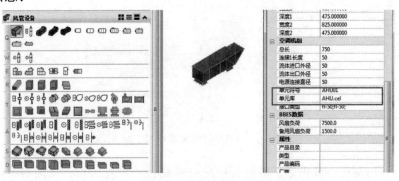

AHU 对象放置对话框

通过上图可以看出，当放置一个 AHU 对象时，后台会到一个 AHU.cel 的 Cell 库里找一个名为 AHU01 的模型，然后放置在文件里。

在工作目录里很容易发现这个文件，如下图所示。

后台存储 AHU 对象的 Cell 库

打开这个 Cell 库，在 Model 的列表中可以发现其中的规律。

每个设备有两个 Cell 来配合定义，一个 Cell 定义模型，一个 Cell 定义接口的位置、方向和大小。Cell 的名称前缀一样，只不过定义接口的 Cell 名称后缀为"CONN"，例如"AHU01"和"AHU01CONN"分别定义了空气处理机组的模型和接口信息。

风管设备模型存储

对于这类设备的扩充，不建议用户自行新建一个 Cell 库，然后建立 Cell。建议采取的步骤是复制现有的模型，然后在此基础上更改。

提示：设备类型是一个、二个还是三个接口是由系统类型决定的。如果是三个接口的设备，当设备放置时，系统在前台传入三个接口的参数，然后赋予模型。这时设备需要至少提供三个接口才成立。如果用户扩充的型号是三个接口，而后台提供的模型是两个接口，在放置时将会出现错误。

对于表达接口的坐标，用户只需移动位置、旋转方向，不要新建。编号为 0 的坐标为放置的基点。XY 的平面是管道放置时的 XY 平面，即与放置时的精确绘图坐标平齐。修改的尺寸时，直接双击编辑尺寸文字即可，如下图所示。

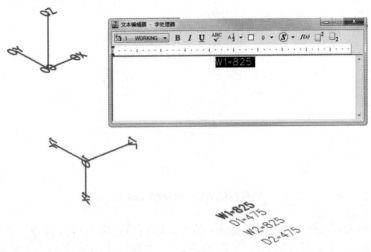

编辑接口的尺寸位置和方向

3. 扩展步骤

下面以风盘为例，说明扩展此类设备的步骤。

扩展风机盘管是在现有 AHU 的基础上来进行，系统放置 AHU 时，是分接口的，放置时调用的后台的某个型号，如下图所示。

定义空调机组

明白了这些，定义的步骤也就明确了。

（1）建立设备模型。复制原有的 Cell 库为 FP_CN.cel，复制的目的是为了通过修改文件里的 Cell 来达到建立模型的目的。之所以这个文件必须放置在这个目录，是由系统的变量来指定的，系统会搜索 Cell 库文件里的 Cell 名称来供放置设备对象。

提示：Cell 库的名称和 Cell 的名称是两个概念。

打开新建的文件，然后修改 Cell 的名称，以避免与其他的 Cell 重复，一般只留一对，其余的都删除，然后改名，如下图所示。

新建风盘模型

在建立设备模型的过程中，可以把模型建立在原点附近，而且放置点也定位在原点。在链接点的定位 Cell 里，一般会参考模型，然后移动、旋转定位坐标，修改尺寸，最后再取消参考。

（2）扩展型号。在类型编辑器里，复制已有的型号，然后调用后台的 Cell 并设定相应的尺寸。

提示：建立新的 Cell 时，为了让系统识别，需要重新启动。

建立自定义型号

（3）调用已有的型号。若用户建立了新的设备型号，但这种型号不会被系统自动调用，因为系统默认调用了一种，结合前面介绍的命令行的形式，用户可以建立自己的工具栏来调用新建的型号。通过如下命令行，可以调用新建的型号：

BMECH PLACE COMPONENTBYNAME RectangularAHUs1 FP25B dsc = HVAC

用户只需建立一个工具栏来调用此命令行，针对这里的操作，详细见本书界面的定义即可，在此不再详述。

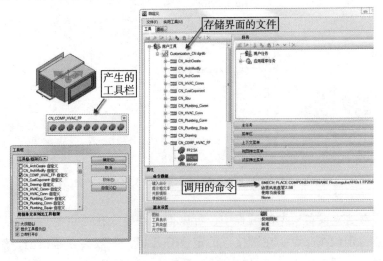

定义好的工具栏

4.3.5.2 水管设备定义

对于水管设备的分类，也分为系统代码生成和库生成，对于库生成，可以采用与风管设备相同的方式来操作。

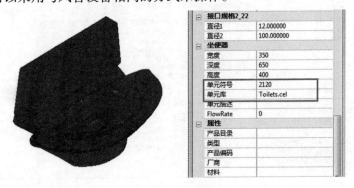

水管设备放置的界面

End1Spec2_22	End1/diameter	12	☑
EndSpec2_22	End2/diameter	100	☑
CustomParamToi	宽度	350	☑
CustomParamToi	深度	650	☑
CustomParamToi	高度	400	☑
CustomParamToi	单元符号	2120	☑
CustomParamToi	单元库	Toilets.cel	☑
CustomParamToi	单元描述		☑
CustomParamToi	视图显示	iso	☑
CustomParamToi	FlowRate	0	☑
Properties	产品目录	plumbingfixture	☑

左侧列表:
- P_四通
- P_四通阀
- P_四向排水阀
- P_弯管接头
- P_弯头
- P_卫生洁具
  - 默认坐便器
- P_温度计
- P_五向排水阀

后台调用的型号

Name	Date modif
BathTubs.cel	2013/5/7 23
Bidets.cel	2013/5/7 23
Plumbingfixtures.cel	2013/5/7 23
Showers.cel	2013/5/7 23
Sinks.cel	2013/5/7 23
ToiletCubicles.cel	2013/5/7 23
Toilets.cel	2013/5/7 23
TwinSinks.cel	2013/5/7 23
Urinals.cel	2013/5/7 23

后台存储的 Cell 库文件

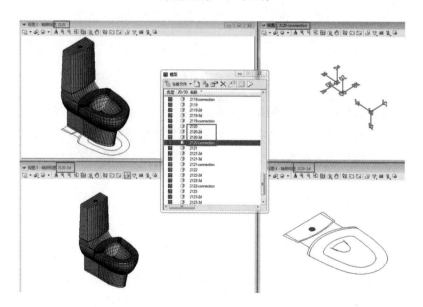

各 Cell 之间的对应关系

按照与风管设备相同的步骤，用户就可以定义水管设备，在此不再赘述。

4.3.6　结构对象定义流程

在 AECOsimBD 中，结构对象的放置原理与建筑及设备对象相同，都是到系统的库中取一种型号，然后根据设置的参数进行放置，如下图所示。

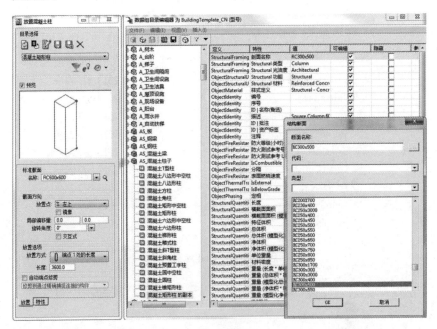

放置结构对象

前台放置可以选择的构件，都是后台预置的，对于每一种预置的型号，都有一个截面与之对应，查看结构专业所有的命令可以发现，大部分的构件布置截面都是一样的，系统只不过给相同的构件形式贴上不同的"标签"，以区分柱子、梁、檩条等结构对象。

因此，对于结构对象来讲，对象的定义就分为了两层含义，即扩展型号和自定义截面。

4.3.6.1　扩展型号

扩展型号的方法与建筑专业对象相同，只不过在后台增加一种型号，前台放置时就可以使用新的型号。对于在前台的放置截面，用户也可以在设置为新的参数后，再另存为一种新的型号，如下图所示。

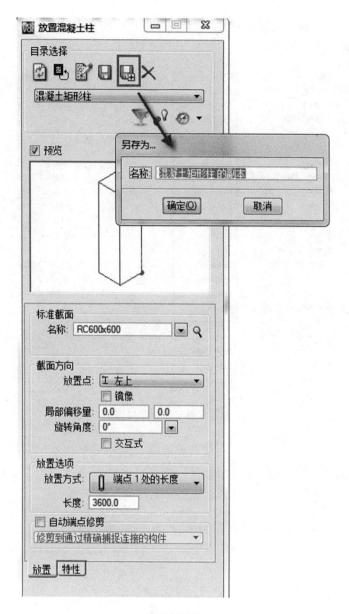

扩展新型号

提示：用户需要先设定参数，然后再另存，以作为该型号的默认参数，因为在布置任何一种型号时，都可以更改预设的参数。

4.3.6.2 自定义截面

无论是在预定义一种型号，还是在放置的过程中，用户都可以选择新的截面，对于截面的定义，有如下几个事项需要注意：

（1）截面定义被放置在 XML 文件里，这些文件默认的存放位置如下图所示。

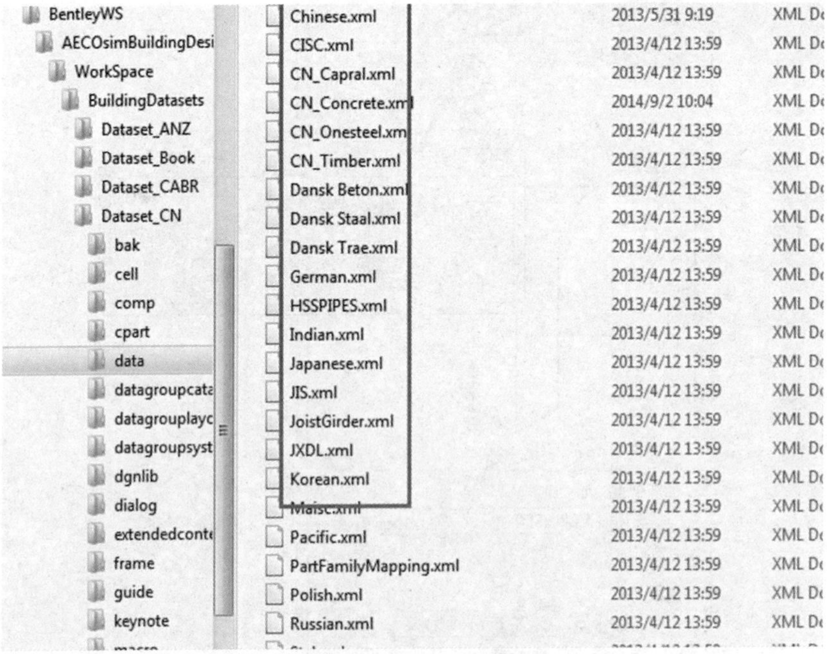

界面库默认的存储位置

（2）截面库可以在任何位置被加载，但如果想让系统自动搜索某个截面，需要将截面库"预加载"进来，这需要系统的一个变量来指定，这个指令可以在项目的配置文件中找到，如下图所示。

```
#------------------------------------------------------------------
# 结构的界面库里,暂时加入Chinese.xml,同时其他的Au截面库暂时保留, 已确
# 保一些命令起作用
#------------------------------------------------------------------
        # STRUCTURAL_SHAPES: Specifies the xml file that contains the structural steel shape
definitions
        STRUCTURAL_SHAPES       =       Chinese.xml
        STRUCTURAL_SHAPES       >       CN_Onesteel.xml
        STRUCTURAL_SHAPES       >   CN_Timber.xml
        STRUCTURAL_SHAPES       >   CN_Concrete.xml
        STRUCTURAL_SHAPES       >   CN_Capral.xml
        STRUCTURAL_SHAPES       <       $(PROJ_DATASET)data/ProjectShapes.xml
#------------------------------------------------------------------
```

项目配置文件中的截面预加载

明白了上述两个问题，接下来面对的问题就是如何定义 XML 文件了。在前述截面库保存的"data"目录下有个 Excel 的模板文件"StructuralShapesTemplate. xls"，这个文件是用来定义 XML 截面的，用户需要在 XLS 文件里定义好截面，然后导出为 XML 文件。

提示：是导出，而不是另存为，这极其重要。

　　当然用户也可以将现在的 XML 文件导入，然后在此基础上添加，最后再导出来。定义的过程如下。

　　首先打开模板文件：StructuralShapesTemplate. xls。

　　在某些 Office 的设定环境下，可能会出现安全提示，此处点击允许即可。在此 Excel 的模板文件里，有很多的表单 Sheet，第一个表单表明了此截面库的"名称"，在放置的截面里会显示在"代码"的选项里，这也要引起注意，不同的截面库"code"的名称是不同的，"isMetric"里设定此截面库是公制还是英制，只能填"TRUE"或者"FALSE"。

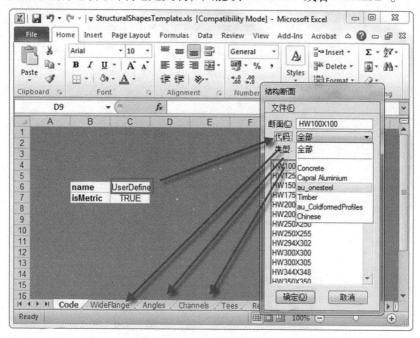

截面库与放置截面的对应关系

　　在模板文件里，除了"code"表单外，其他的表单也对应不同的截面形状，在每个表单里，都有名称、参数以及一个图片，用户可以定义自己的截面参数。

截面参数定义

在 Excel 的 "add－in" 菜单里有 XML 的导入、导出命令，用户也可以在名称单元格的右键菜单里找到相应的命令。

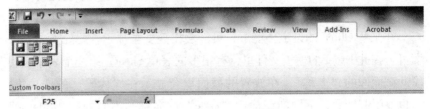

菜单的导入导出 XML 命令

右键菜单的导入导出 XML 命令

明确了上述细节后，用户定义自定义截面的步骤应该是：

（1）打开模板文件，导入已有的 Excel 文件（除非用户想从头开始）。

（2）添加新的截面，此处新的截面是在已有的参数类型下，不可以新建截面类型。

（3）注意区分是否更改 Code 参数，以区分不同的截面库。

（4）如果是不同的截面库文件名称，注意修改变量以使系统搜索到。

5　参数化构件定义流程

5.1　参数化的概念

对于参数化组件，在任何的三维工程软件里都提供了相应工具，我们也希望将我们的工程模型变成参数化的，以便于通过修改参数的方式，调整对象的形体大小。但是，有几个问题需要明确。

5.1.1　参数化的原理

参数化的原理是描述了对象形体变化的规律。参数的值可以变化，但参数之间的规律是没有变化的。随机的、没有规律的东西是无法实现参数化的。因为，当一个参数变化时，其他的参数要如何变化呢？下图是一个窗户，当窗的高度变化时，下部的死扇是保持高度不变还是保持在总高度中的比例值。

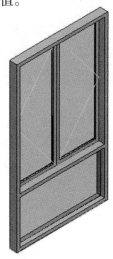

参数化的实例

这就是反映参数化组件形体变化时的"规律",这些规律是由参数化工具来定义的,下图是在 PFB（Para metric Frame Builder）中的时间过程。

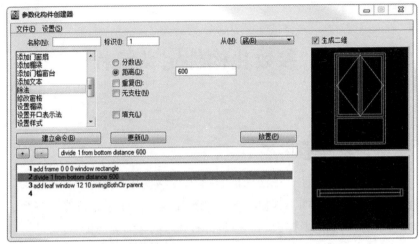

下部保持 600 高度不变

因此,参数化的过程是描述规律的过程,而不是"建立模型"的过程。用户手动建立的模型,其中的规律在用户的心中,计算机不知道,所以不会自动调整。如果用户想实现参数化,就要将这些规律表达出来。

参数化的过程,首先是个抽象规律的过程,用户需要知道,参数化对象是由哪些独立参数控制的,然后在参数工具里,用这些参数来控制形体。同时,各部分的位置又有相互的依存关系,这也是规律。

如下是在 PCS 里定义参数（变量）的过程。

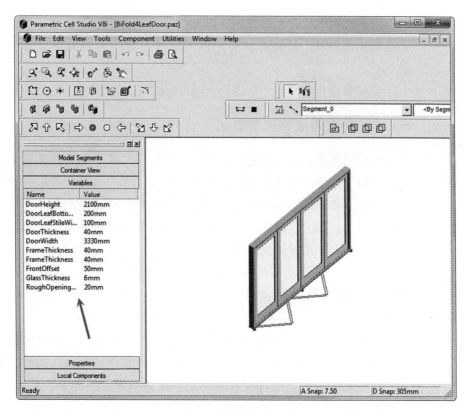

PCS 中的变量

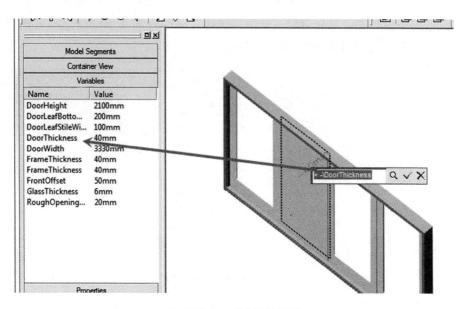

在 PCS 中，对变量的调用

参数化当然比建模难度大，因为用户要描述规律，所以，不要期望参数化很容易，很容易描述规律的形体，对其参数化的意义又何在呢?

明确参数化的意义，是我们使用它的前提。

5.1.2 何时需要采取参数化

从理论上讲，可以把整个建筑、整个厂房、整个水电站变成一个大的参数化形体，通过修改参数调整设计。

如果真要这样，用户还没有把参数之间的规律描述清楚，工程就已经结束了。因为，抽象规律、描述规律需要花费很多时间，而且很多时候是没有办法描述规律的。

因此，在实际的工作中，我们将一个整体的工程，拆分为很多可以描述规律的参数化对象和无法描述参数的固定的对象模型组合。

对于一个建筑工程项目来讲，门、窗、墙这些对象是可以参数化的，这些对象，系统到后台只是拿一个用规律描述的参数化组件。而对于一些无法参数化或者没有必要参数化的对象，如椅子、家具等，系统就到后台拿一个固定的块。

所以，参数化更适用于描述简单规律的对象，这些对象被大量地重复应用。如果规律太复杂，描述规律的时间比手动建立固定模型的时间要多很多，反而得不偿失。

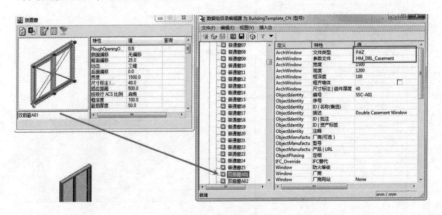

门窗的参数化组件

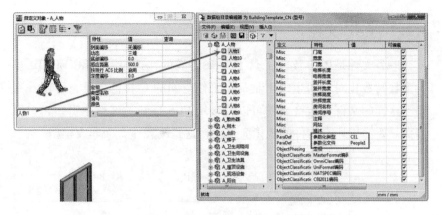

景观人物对应的固定 Cell 模型

同时，在工程实际中，还有个处理原则，对于可以参数化的对象，其实有时也可以用固化模型的方式来处理，以简化过程。那就是，当对象可以被枚举时，就简单处理成固定模型比较好；如果不能枚举，再考虑是否可以参数化。

例如，若要做个垃圾桶，本来就只有 10 种样式，分别对应不同的尺寸。就直接做好 10 种，然后放置在 Cell 库中供调用即可。

你可以评估下，是打开放置对话框，选择某种型号，然后放置效率高，还是打开放置对话框，选择型号，修改参数，然后再放置的效率高。

当然是前者，所以，不要将简单问题复杂化，这是处理问题的原则。

5.2 AECOsimBD 中的参数化组件及工具

在 AECOsimBD 中，系统支持三种参数化的模型，内置了两种参数化构件创建工具，即 Paramatric Frame Builder（简称 PFB）和 Paramatric Cell Studio（简称 PCS）。

5.2.1 BXF 文件

BXF 文件是由参数化工具 PFB 来生成的，这种工具是早期的工具，比较适合制作方方正正的对象，它固化了参数和构件之间的逻辑，操作比较简单，只需要一步一步来操作就可以了。随着 PCS 的加入，它的作用被慢慢地淡化，在新版的 AECOsimBD 中，几乎找不到了 BXF 构件的身影，基本都是由 PCS 来创建的，但以前的模型仍然可以兼容。

5.2.2　PAZ 文件

PAZ 文件是由参数化工具 PCS 来生成的，这也是 AECOsimBD 里大多数参数化对象的生成工具，在工作空间的 Cell 目录下，可以看到很多这样的文件，这些文件可以直接用 PCS 打开，进行逻辑编辑，但前提是要懂得原有构件的规律。记住，这是改规律，而非改模型。

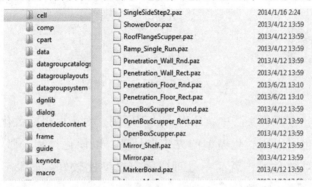

PAZ 参数化文件

5.2.3　RFA 文件

RFA 文件是在 SS5 版本里增加的对 Revit 族文件的支持。用户可以将其导入到 AECOsimBD 中进行使用，原有的参数化关联都存在。

RFA 文件可以作为一个固定的块来使用，也可以导入到 AECOsimBD 的工作环境里，作为库来使用。

作为 Cell 插入 RFA 文件

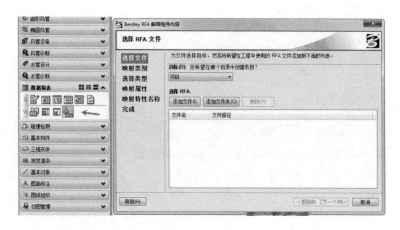

导入 RFA 向导

5.2.4 参数化构架 PFB

Frame Builder 是 AECOsimBD 提供的一个创建参数化构件的建模工具，能够胜任各种构件，特别是构件的细节部位的模型创建，而且能够与样式 Part，完成对构件材质的赋予以及工程量的统计。

为了方便大家操作，以下将采用中英文版对照的方式来讲解。

PFB 调用界面

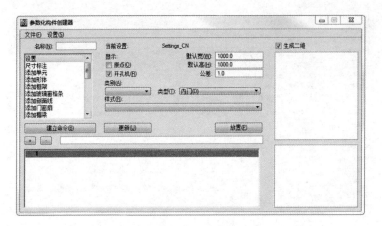

PFB 中文版界面

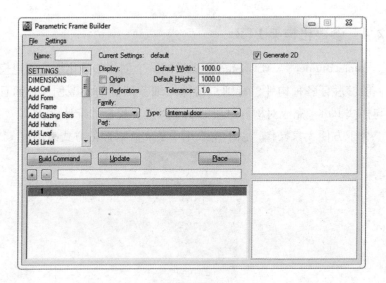

PFB 英文版界面

5.2.4.1 工作流程

在 PFB 中，系统其实是提供了一组零件，用户利用这些零件组成所需要的门、窗或者其他构件。当然，利用这些零件组合时有一定的顺序，例如，如果没有门框，就没有办法来添加门，没有门就没有办法加把手。这些零件就是通过上图里的添加/add 系列命令来添加的。其中的添加框架 Add Frame 就是添加一个门框或者是窗框，这是创建一个门或者窗的基础。

另外，在一个创建过程中如果创建了两个 Frame，并且设定了两个 Frame 的相对位置，那就是我们常说的门连窗。

　　这些零件在创建时肯定会采用了某种属性，例如，放在哪个图层、颜色、材质等。那么这些属性是如何设置的呢？在 Bentley 建筑系列软件中，构件的表现属性和工程量的统计都是通过样式 Part 来实现的，通过对其 Part 类型的设置来设定这些零件在不同场合下的表现属性。例如，若想让玻璃这种零件在渲染时具有透明属性，那么就需要在 Part 里设置一种类型，然后将这种类型赋给零件。

　　当然，这些零件还有很多其他属性，如默认的厚度、宽度等。这些属性可以通过 PFB 来设定。

　　所以，到这一步我们知道，零件的属性是通过 Part + PFB 两个方面共同来设定的。在利用这些零件组成一个门窗前，必须设定各部分的属性。那么，每次都要设置每个零件岂不是很麻烦，有没有设置好的零件供用户调用呢？

　　当然有，系统提供了一些属性模板，也称为配置文件，用户在此基础上修改即可。

　　我们知道 AECOsimBD 具有项目管理的概念，这些属性的模板当然也是通过项目来组织的，例如，在启动 AECOsimBD 时，应用的是 BuildingTemplate_CN 项目，那么在目录"\ WorkSpace \ BuildingData-sets \ Dataset_CN \ setting"下就可以看到一些 XML 文件，这些文件就是属性配置文件。对于一个项目来讲，门、窗的属性模板肯定不同，对于门也可能会有很多种不同的属性，所以，一个 XML 文件中保存了很多这样的属性模板。用户可以用文本编辑器来打开这个 XML 文件，可以看到如下图所示的内容。

XML 配置文件

先从整体上看看这个结构，在这个 XML 文件中，被分成了许多用 < Frames > 和 < /Frames > 区分的部分，每一部分就是一种属性模板。在每一个 Frame 中，又分部分定义了各个零件的系统类型（Part）、表现形式（Symbs）、默认厚度（Thicknesses）、界面尺寸（Sections）、门窗框参数（Sills）、过梁参数（Lintels）等。因此，整个 XML 的基本结构如下：

```
< ? xml version = " 1. 0" encoding = " Windows – 1252"？ >
< TriForma >
  < ! – – Generated By MicroStation TriForma, version 08. 05. 02. 15 – –>
  < Settings >
    < Frames >
      < Frame name = " G321 Windows" version = " B1" >
        < Description > Windows < /Description >
        < Units master = " mm" sub = " mm" / >
        < Parts >
        ……
        < /Parts >

        < Symbs >
        ………………
        < /Symbs >
        < Thicknesses >
        < /Thicknesses >
      < /Frames >
      < Frames >
      < /Frames >
  ……………………………
  < /Settings >
< /TriForma >
```

当然，在创建时可以对这些属性进行更改，用这些零件组成一个门窗后，这个门窗就具有了默认的参数。用户可以马上放置，也可以将其保存为一个复合单元（保存在一个 BXC 库中），一旦确定后就意味着这些尺寸就固定了。同时，也可以将其各个参数的定义保存在一个 BXF 文件中，这个文件可以被 AECOsimBD 的放置门窗、家具等命令来调用。当然，它的参数是在被放置时来更改然后确认的，如果没有更改，则按照默认值来放置。

5.2.4.2 "先设置，后创建"原则

Frame Builder（简称 FB）创建构件的建模过程，实际上是执行每一行的语句行。选中 FB 左边不同的选项，就可以在右边的相应的窗口中输入参数，然后点击"建立命令 Build Command"，就可以自动生成一条对应的语句命令行。正是很多这样的语句命令行组合在一起，完成了整个构件模型的建立。

在 FB 左边的选项中，主要分为两类，即带"添加（Add）"的选项和带"设置（Set）"的选项。带"添加（Add）"的选项主要能完成模型体素的建立，是"创建"的操作；带"设置（Set）"的选项主要是进行设置。这里需要遵循的一个原则是"先设置，再创建"。

添加命令组　　　　　　　　　　　设置命令

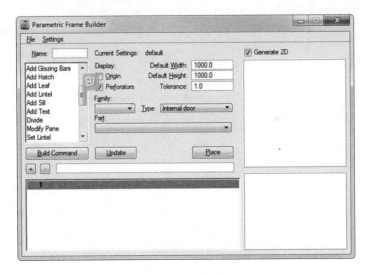

英文版指令

举例来说，如果要用 FB 放置一个基本的窗框，需要先对窗框框条的断面进行"设置（Set）"。

【测试案例 1】

（1）选中"设置截面（Set Section）"，在右边下拉菜单选中"窗固定构件（Window Fixed Frame）"。

提示：此处的选项有很多，都是针对门窗构件的不同部位，如门框、门扇框条、隔条、推拉窗框等的尺寸设置，具体意义见下图。

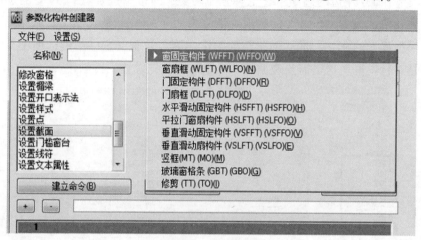

设置各种零件的参数

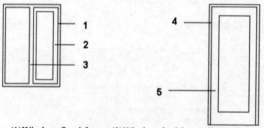

(1)Window fixed frame;(2)Window feaf frame;(3)Mullion;
(4)Door fixed trame;(5)Doo lea frame

(1)Horizontel sfice fixed Frame;(2)Horizontal sfice sea frame

零件的尺寸含义（一）

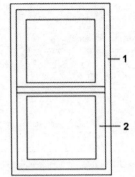

(1)Vertical side fixed frame;(2)Vertical side leaf frame.

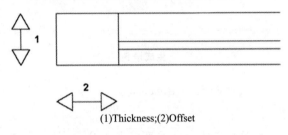

(1)Thickness;(2)Offset

零件的尺寸含义（二）

（2）选中"窗固定构件（Window Fixed Frame）"后，在下面的"厚度（Thickness）"和"偏移（Offset）"处分别设置窗框的厚尺寸 70 和偏移尺寸 40，然后点击"建立命令（Build Command）"，生成语句行：

set section framePostWindow 70 40

这个语句是被记录在 BXF 文件里的，如下图所示。

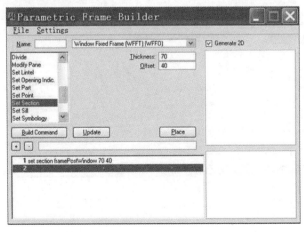

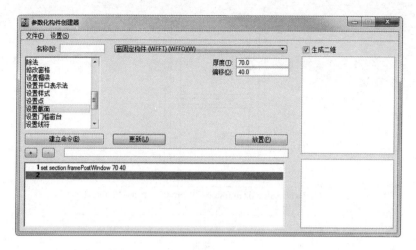

生成语句

（3）选中"尺寸标注（Dimensions）"，此处可以设置最多 9 个 Frame 的尺寸。

提示：一个 BXF 文件中最多可以添加 9 个 Frame，每个 Frame 按顺序获得在"Dimensions"中设置的宽度和高度。例如，第三个被放置的 Frame 就会取得在"Dimensions"编号为 3 的尺寸组合。多个 Frame 多用于门联窗、推拉窗等类型构件的创建。

设置编号 1 的 Frame 尺寸为 1200×1500，因为接下来将会放置第一个 Frame。此处不需要点击"建立命令 Build Command"，此设置也不需要生成命令行。

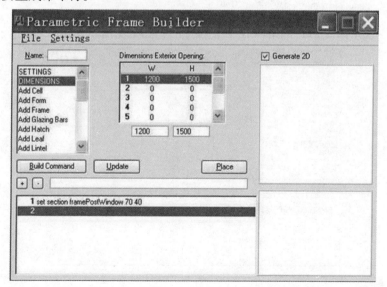

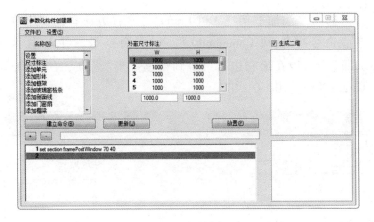

默认尺寸的设置

（4）选择第一项"设置（Setting）"，勾选"原点（Origin）"。

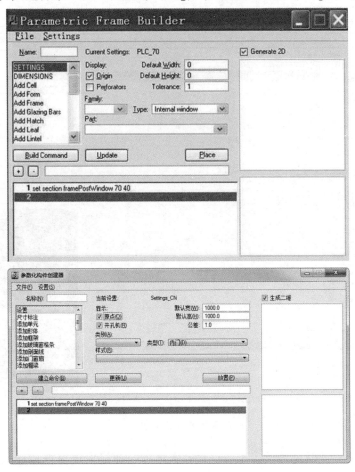

设置原点

（5）选择"添加框架（Add Frame）"，右边缺省设置不变，点击"建立命令（Build Command）"，生成命令行，并点击"更新（Update）"，可以在最右边窗口得到窗框图形。生成的绿色原点就是"Origin XYZ：0，0，0"。

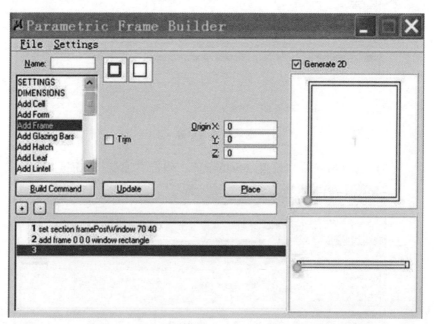

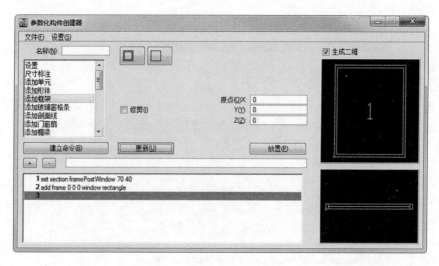

添加框架 Frame

（6）此时已经放置了一个最基本窗框，如果发现窗框尺寸或者框条尺寸不合适而需要调整，若直接选择"设置（Set Section）"，将

"厚度（Thickness）"和"偏移（Offset）"改为 100×60，点击"建立命令（Build Command）"，然后点击"更新（Update）"，会发现右侧图形不会发生任何改变。

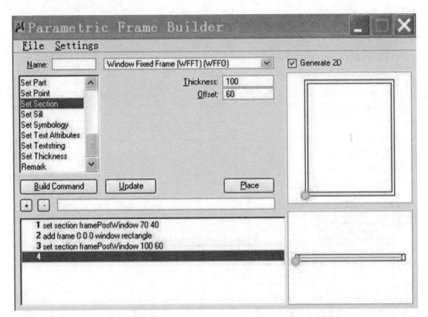

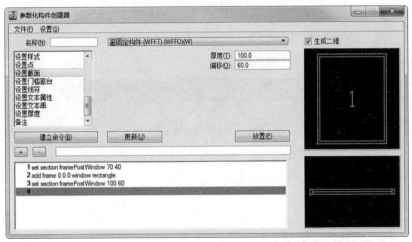

更改厚度无效

这是因为生成的第三行有关重新调整设置的命令行排在第二行创建 Frame 的命令之后，按照执行顺序，命令行 1 先对窗框框条尺寸进行设置，命令行 2 按照命令行 1 的设置创建了窗框，命令行 3 进行的是重新设置，但它不能影响之前的命令行 2 的执行结果，但是如果在命令行 4 中再放置第二个窗框，这第二个窗框就会按照命令行 3 的设置进行创建。这就是我们说的"先设置，后创建"的原则。

（7）再回到对第一个窗框的修改上来，此时可以点击已经生成的命令行 3，在上端命令行点击右键，对此命令行进行剪切。

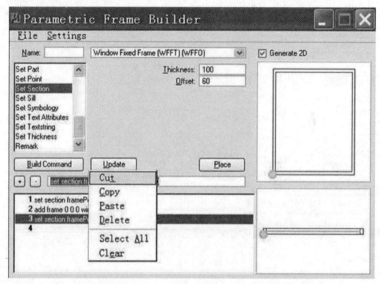

剪切命令行

（8）然后再选中命令行 2，左键单击" +"符号，在命令行 2 前插入一行新命令。

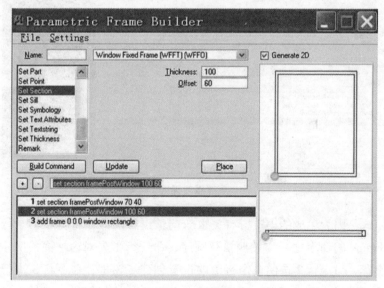

插入新命令行

（9）选中新的命令行 2，在顶部空白的命令行作"粘贴"操作，将刚才重新设置的命令复制过来。此时第 2 行的 100×60 的设置会取代第 1 行的 70×40 的设置。

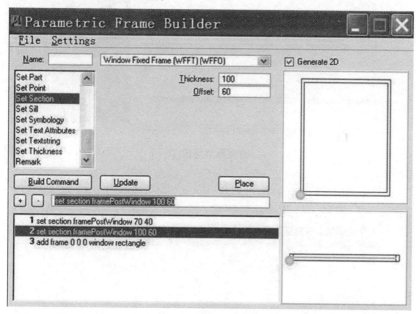

粘贴命令行

（10）点击"更新（Update）"，得到调整后的窗框。

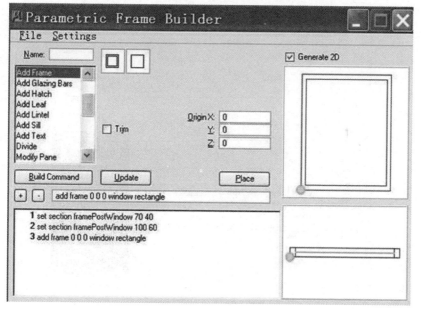

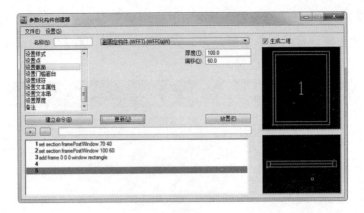

窗框厚度更改了

（11）第 1 行语句已经没有效果了，此时我们可以选中命令行 1，点击 "－" 符号，将此行命名删除。

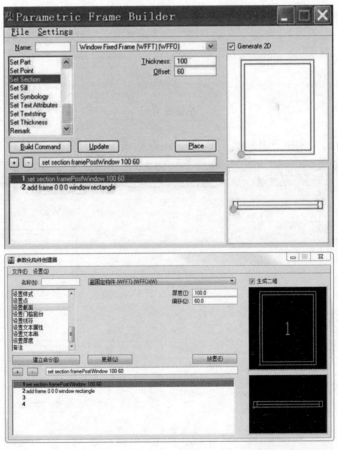

删除后的命令行

【测试案例 2】

可以继续修改窗框中标示第 1 个 Frame 的数字 "1" 的颜色。步骤
如下：

（1）添加新命令行。

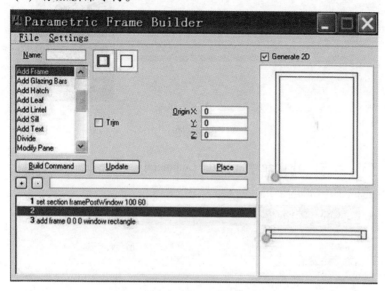

增加新的空命令行

（2）"设置线符（Set Symbology）"，在右边下拉箭头中选择 "标
识（ID）"，"颜色（Color）" 改为红色。

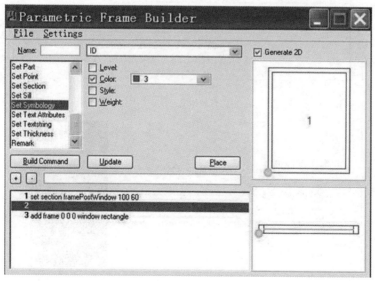

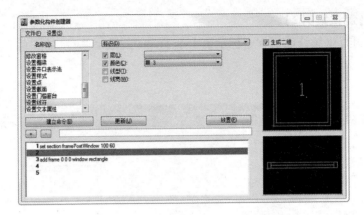

设置颜色

（3）点击"建立命令（Build Command）""更新（Update）"，得到 ID 号改为红色的窗框。

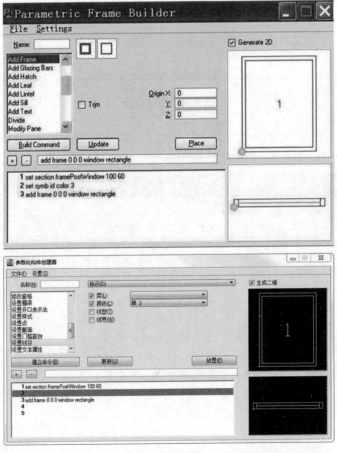

修改后的颜色

再次强调"先设置，后创建"原则，任何属性的设置、修改和调整，其相应的命令行必须出现在创建该属性所属构件的命令行之前。

5.2.4.3 设置文件保存

继续刚才的操作，因为此前已经进行了窗框的设置和创建，此时可以将现在所有的参数状态进行保存，得到一个可以随时调用的设置文件。点击 PFB 的菜单"设置（Setting）→另存为（Save As）"。

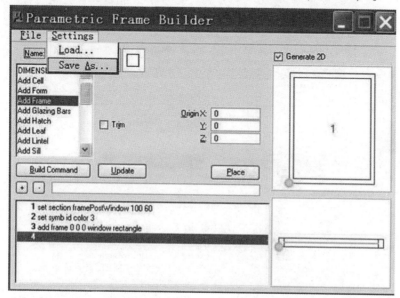

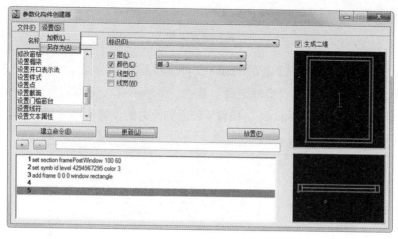

另存为设置文件

在弹出的对话框底部列出的是保存设置文件的 XML 格式的文件列

表，用户可以选择将刚才的所有设置以一个名称保存在任何一个已经列出的 XML 文件中，或者点击"新建（New）"按钮创建一个新的 XML 文件来保存这套设置。

保存设置文件

此时可以创建一个新的 Frame 文件，然后从"设置（Setting）"→"加载（Load）"，将"窗框原型"载入，虽然不存在任何的命令行，仍然可以在"设置（Setting）"项目下面看到此时的设置是"窗框原型"。

加载配置

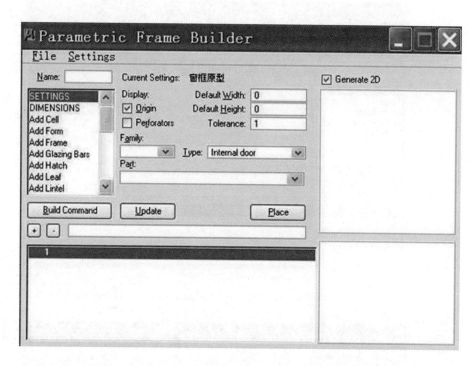

加载配置

同时，在"设置截面（Set Section）"或者"设置线符（Set Symbology）"等设置的项目下，查看到之前已经被保存的设置此时已经生效了。

之前保存的设置

此时可以在已经载入的设置参数的基础上，进行创建的命令行生成，当然也可以继续用命令行对参数进行重新调整。

5.2.4.4 飘窗创建实例

（1）创建新的框架（Frame）文件，命名"飘窗实例"，并载入系统自带的设置文件"Setting_CN"。

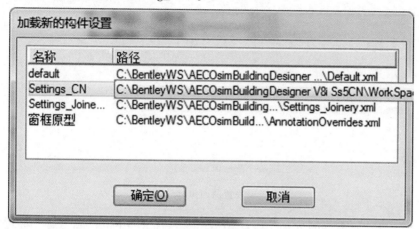

加载配置文件

（2）设置原点坐标。

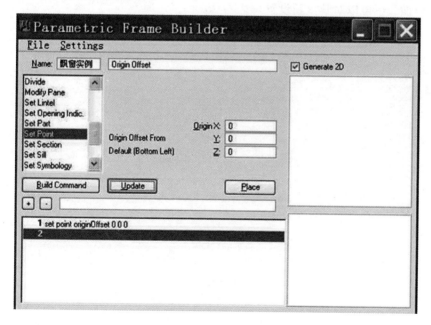

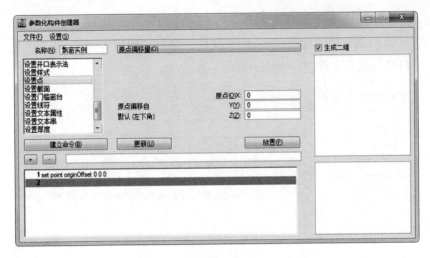

设置原点坐标

（3）对窗框的框条、窗格和窗扇进行样式（Part）的设置，使样式（Part）所带的材质被赋予到不同部件上。其实，用户加载了"Setting_CN"设置，里面就已经为各个零件设置了默认的样式（Part），用户加载也可以对其重新设置。

设置样式

（4）对框条的厚度、宽度等尺寸进行设置。

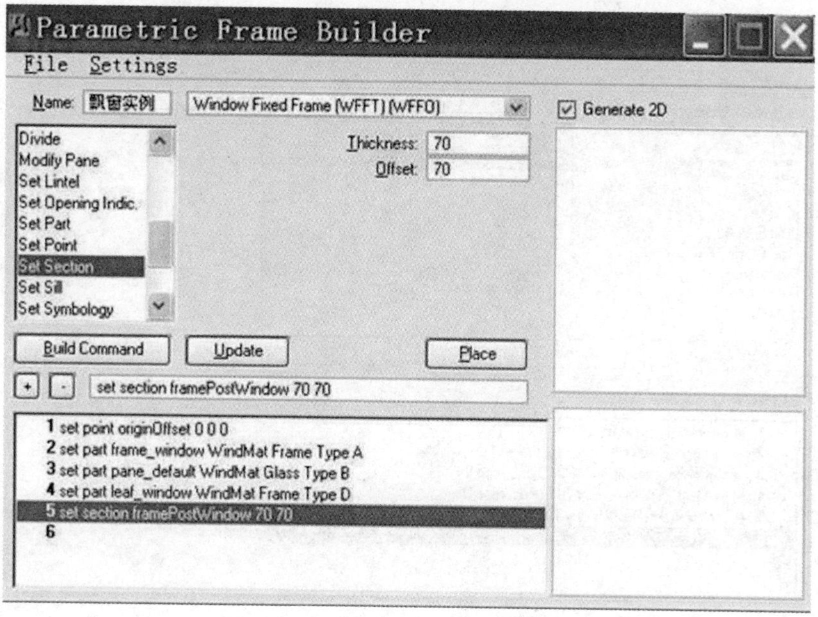

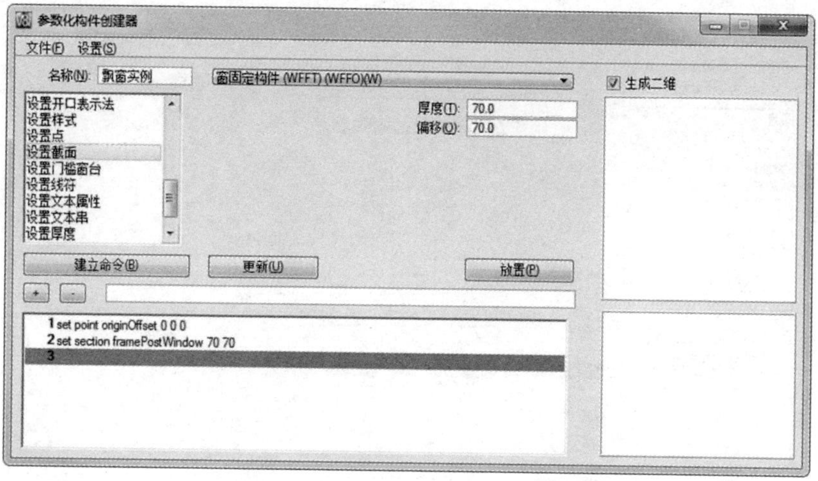

设置厚度

（5）设置框架（Frame）的尺寸。

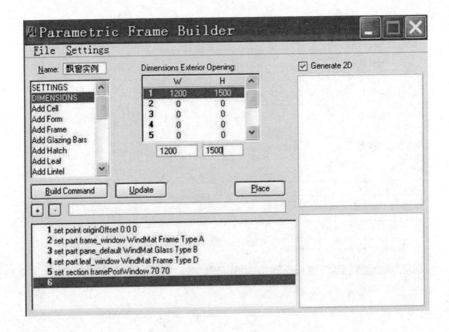

设置框架尺寸

（6）创建窗框 Frame，并更新（Update）。

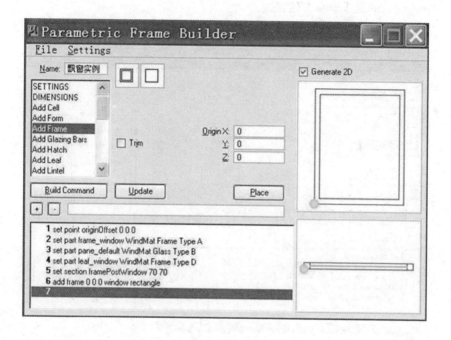

建立框架

（7）对编号 1 的 Frame 进行分隔，W1 是 FB 内部默认的缺省变量，代表的是 Frame 1 的宽度。

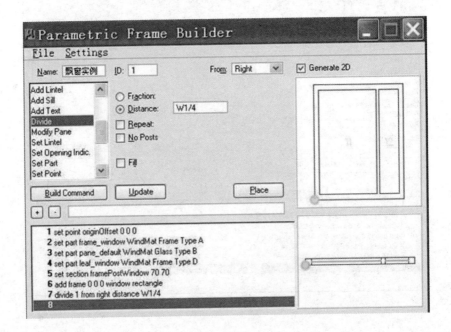

分割窗框

（8）这时会发现，窗框已经被分为 11、12 两部分，这是后续被操作的标志。继续对编号 11 的框格进行分隔。

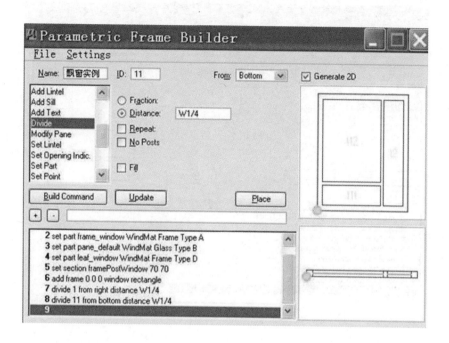

分割窗框

（9）对编号 12 的框格进行分隔。

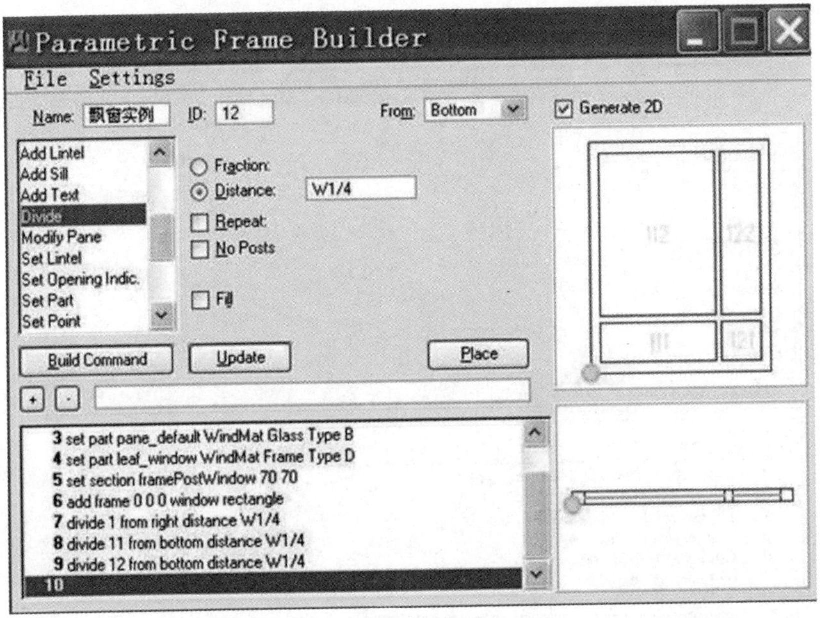

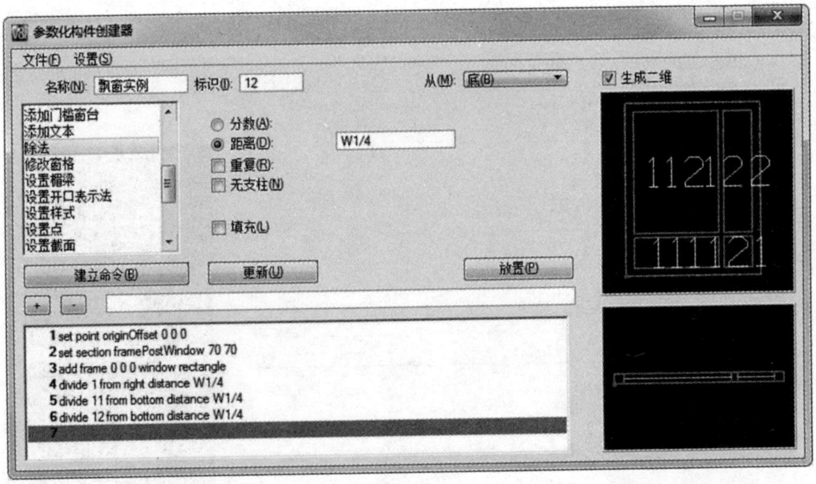

分割窗框

（10）对编号 122 的框格添加窗扇。

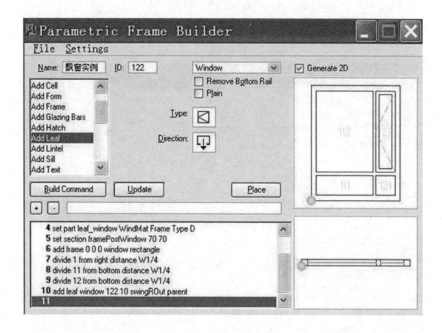

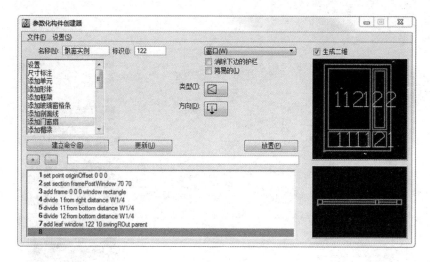

添加窗扇

（11）对窗框添加底部的窗台板，选择所需要的材质样式。X、Y、Z 分别是窗台板起点的坐标，宽度（Width）、厚度（Thickness）、高度（Height）是窗台板的尺寸。

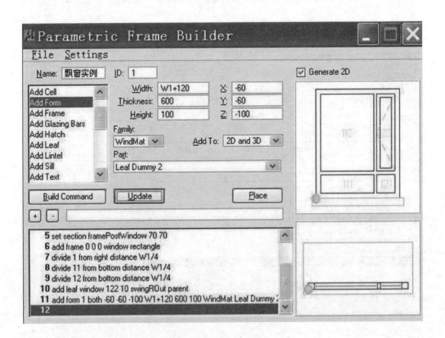

添加窗台板

（12）继续添加窗台顶板，H1 是 FB 内部默认的缺省变量，代表的是 Frame 1 的高度。

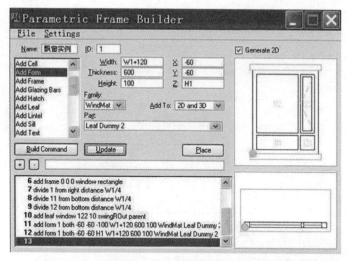

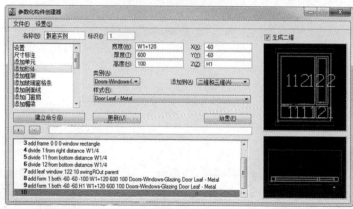

添加窗台板

效果展示

（13）添加飘窗室内一侧的支柱框条。

添加框条

（14）继续添加支柱框条。

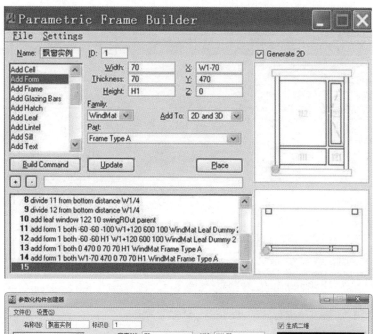

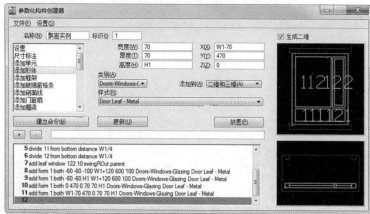

添加支撑框条

效果展示

（15）添加右侧水平支撑框条。

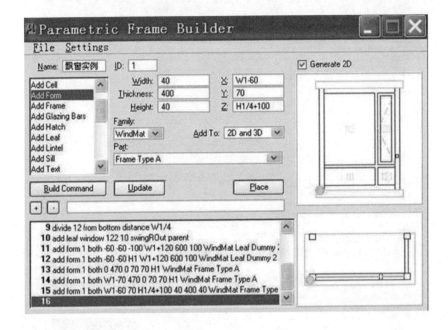

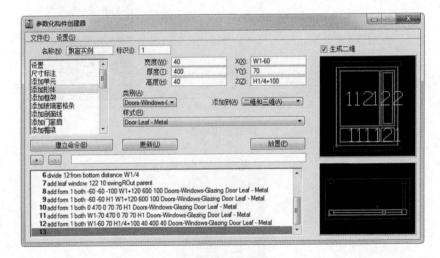

添加右侧水平支撑框条

（16）添加左侧水平支撑框条。

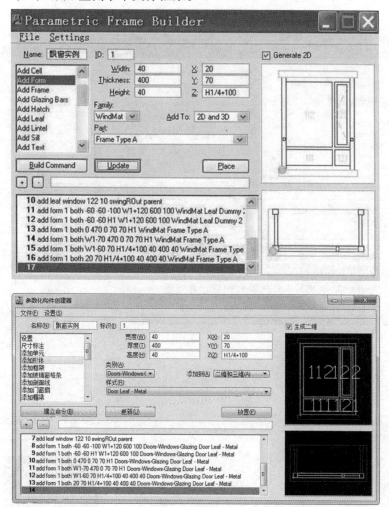

添加左侧水平支撑框条

实际效果

（17）添加左侧玻璃窗格，注意更改为玻璃的样式。

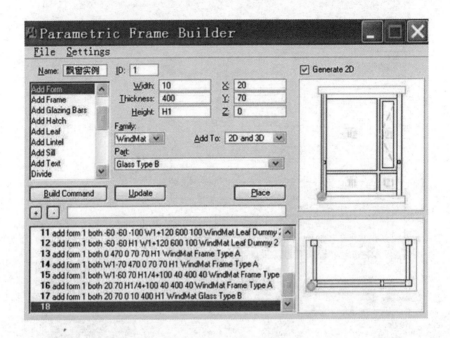

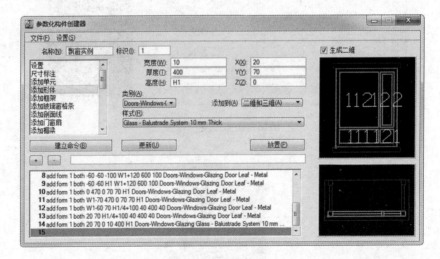

添加左侧玻璃窗格

（18）添加右侧玻璃窗格。

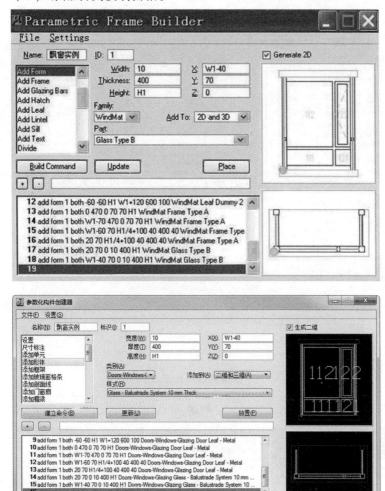

添加右侧玻璃窗格

效果展示

（19）至此，参数化构件创建完毕，它是被前述自定义对象的命令来调用的，将其保存为 BXF 文件即可。如果被系统识别，需要放置在工作环境可以被搜索到的目录下。

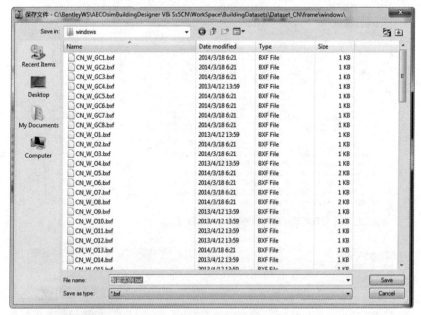

保存为参数化文件

最终被系统调用的结果如下图所示。

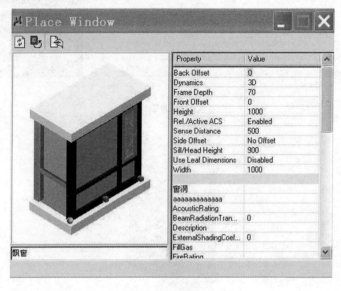

调用界面

5.2.5　参数化单元

在 AECOsimBD 的现在版本中，几乎所有的参数化对象都是用 PCS（Parametric Cell Studio）来制作的，扩展名为 PAZ，有很多人感觉 PCS 很难学，其实并不是 PCS 本身很难学，而是用户想表达的对象逻辑关系很复杂。PCS 就像一个编程器（Visual Studio），它提供了一些简单的逻辑关系，用户可以用它组合成任何复杂的程序来满足工程需求。

提示：对于具体的教学视频，可以扫描右侧二维码下载教学视频。

我在学习 PCS 的过程中，也没有太多的资料可以参考，但我一直相信"最好的教材就是帮助文件"这一原则，总结了一些与大家共享。

微信公众号：
BentleyBBS

获得帮助文件教学

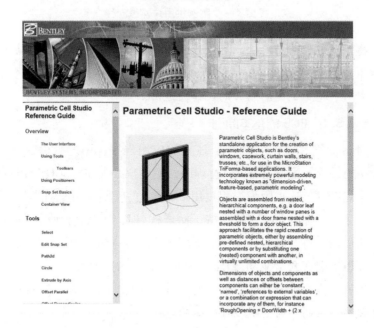

User Reference 提供了详细的解释

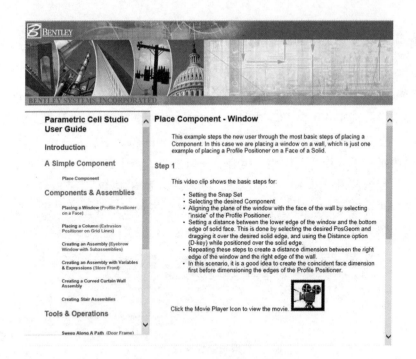

提供了一个案例供用户熟悉流程

　　提示：就像前面所讲，用户必须具有抽象思维的能力来总结规律，然后用 PCS 表述规律，这样才能建立参数化组件。它不是一个"建模"软件，它做的是将用户的规律表达出来。

5.2.5.1　PCS 的基本原则

　　对于 PCS 来讲，它是一个独立的应用程序，用户可以在 AECOsimBD 的目录下找到它的可执行程序，但用户必须在 AECOsimBD 的程序里来启动它。这是因为当用户用 PCS 建立一个参数化组件时，系统需要一个样式库（Part）的支持，而样式（Part）是由项目环境控制的，所以需要首先启动 AECOsimBD，然后在菜单里调用 PCS。

1. PCS 基于尺寸驱动（Dimension – Driven）的概念

　　也就是说，PCS 通过变量传递尺寸，尺寸驱动形体，零件的形体相互关联，从而形成一个可变形体的对象。

2. PCS 基于特征（Feature – Based）

　　这类似于编程里的面向对象编程，为了使一个复杂的构件便于管理，一般会根据逻辑关系将对象拆分，形成独立的"零件"（Component），这些零件是具有输入、输出参数的。因此，当已经制作了很多的零件时，制作对象的过程就是零件组装的过程。例如，将门框和门扇做成了很多个不同的零件（Component），接下来就可以将不同的门框和门扇进行组合，形成各式各样的参数化门窗对象，如下图所示。

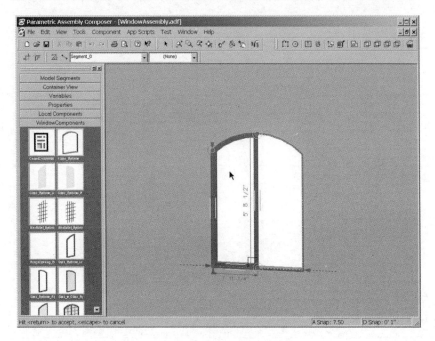

门窗的组装过程

3. 参数化模型（Parametric Modeling）

参数化模型（Parametric Modeling）最终的对象是通过层层嵌套来组成的，当然，也可以不采用嵌套的结构，但是，构件的复杂性有时会超出用户的控制能力。

提示：有些变量是在零件内部使用的，而不需要全局使用，在这种情况下，如果不采用嵌套结构，这些内部变量就会被暴露出来，从而增加使用的复杂度。

4. 定位器（Positioners）

定位器（Positioners）这个概念就是建立关联的过程。所以，对象是有嵌套关系的，嵌套的过程就是参数化联动的过程，我们先创建不同的零件（Component），然后再进行组装，这是 PCS 的核心所在，而 Positioner 就是建立关联的过程。

5.2.5.2 PCS 基本界面使用

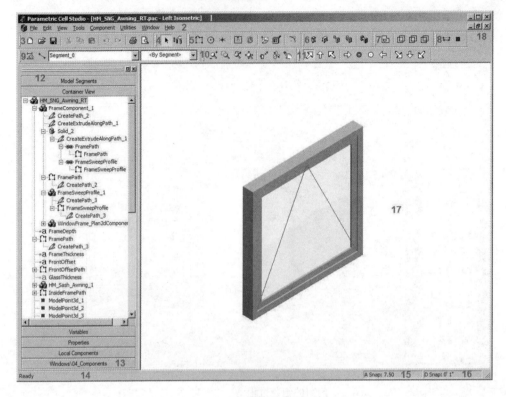

PCS 界面

上图是 PCS 的界面，这是一个图形的界面，但是不同于建模软件，如果用户使用过 Bentley 的 Generative Component，也会有相同的体会。

下面分部分来介绍界面各部分的功能，序号对应上图中标识的区域功能。

1. 标题栏

在此不赘述。

2. 菜单栏

在此不赘述。

3. 标准工具栏

标准工具栏用于对 PCS 的文件进行编辑，需要注意的是，在 PCS 里有两种文件格式，即 PAC 和 PAZ，前者是编辑状态，后者是发布状态。这两种格式都可以用 PCS 打开，前者主要是存储了编辑状态的一些信息。用户存储文件的时候是 PAC 文件；用户发布文件的时候，系统则生成 PAZ 文件，在这个过程中会去除一些没有用的变量和信息。

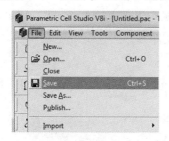

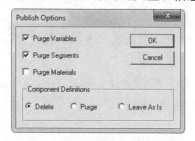

文件保存   文件发布

4. 选择工具

第一个工具是选择一个对象，用于对象的编辑、删除、移动等常规操作。第二个工具是 Edit Snap Set 的工具，它的作用是让所选择的对象处于被捕捉的状态，以便于建立关联，在 PCS 里是没有自动捕捉这个概念的。无论是哪种工具，用户都可以用 ESC 键解除状态。

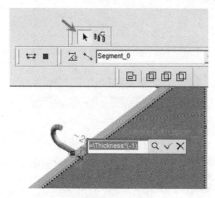

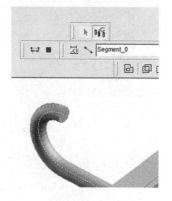

选择后进行编辑   捕捉后可被关联

5. 创建工具

创建工具

创建工具用来通过一些基本的构件创建需要的对象，它的原理就是通过二维对象的拉伸、运算形成三维对象，而这些基本的对象由变量来控制。第一个工具 Path2D 其实是最常用的工具，等同于我们在建模时的二维线。

举个简单的例子，用长、宽、高建立一个矩形，然后用三个变量控制形体。

提示： 在 PCS 没有直接的体工具，因为体太过于高级，不提供相应的细节信息来让别人进行引用。

　　创建逻辑是，建立三个变量，用 Path2d 工具创建一个矩形，用长、宽两个变量进行控制，然后用建模工具里的 Extrude By Axis 工具进行拉伸，用高度变量控制拉伸的高度即可。

　　操作步骤如下：

　　（1）新建文件，通过 Tools – Option 设置单位为毫米（mm），路径宽度为 0 等参数。

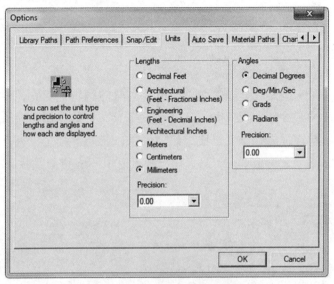

设置单位为毫米（mm）

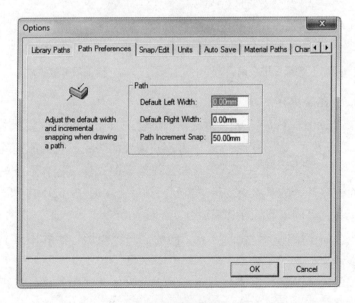

路径选项设置

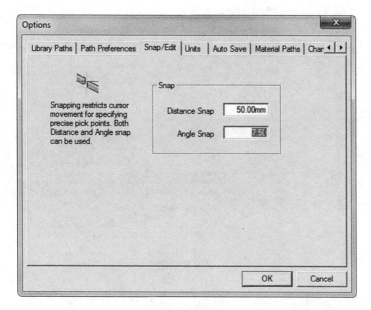

捕捉选项设置

（2）建立三个变量，设置默认值。

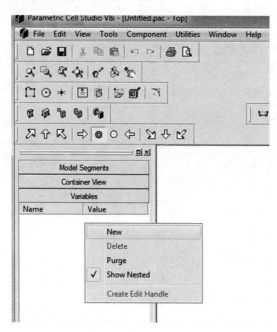

右键菜单，新建变量

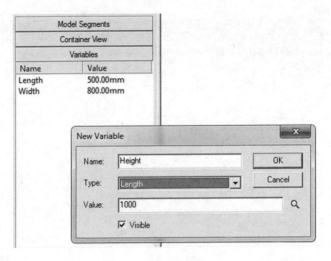

设置默认值

（3）在顶视图上建立二维路径，注意逆时针绘制，封闭捕捉时，可能不像建模时灵敏，这是由第一步的捕捉精度来控制的。如果用户绘制了路径后，在捕捉起点已形成一个封闭的矩形时，系统没有结束，这说明你没有捕捉到，通常情况下，设置比较小的捕捉值就可以，而且一旦捕捉到，系统会粘连起点。

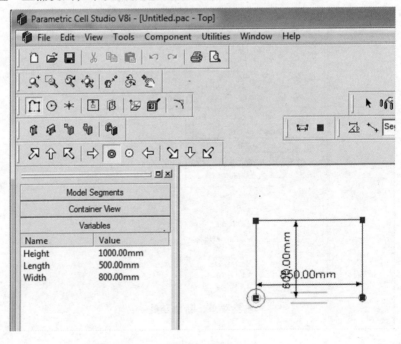

绘制 2D 路径

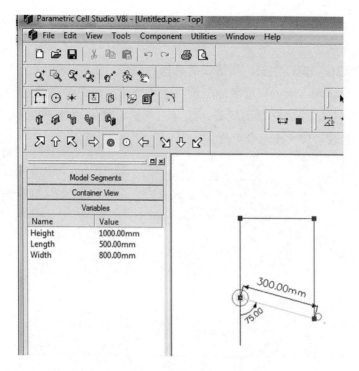

粘连起点

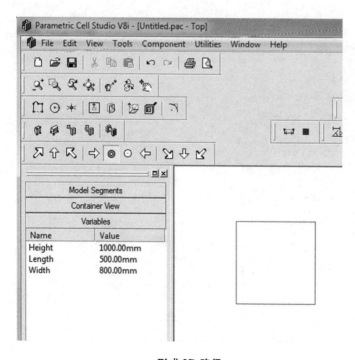

形成 2D 路径

提示：绘制路径时的具体尺寸没有关系，因为，后续需要将这个路径与变量关联。

（4）关联长、宽、变量。用选择工具选择路径后，点击数值，然后在输入框中输入"=\变量名称"即可调用变量，用户可以通过浏览的方式，寻找已经建立好的变量。这样，变量就和路径挂接上了，更改变量，路径形体大小也会更改。

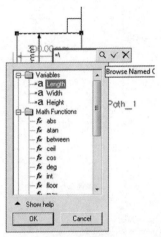

浏览变量

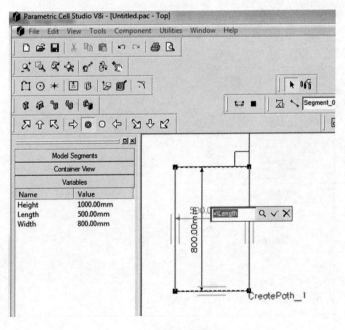

关联好的变量

（5）拉伸二维路径，选择工具，点击路径，拖动夹点设定默认长度，然后回车即可，这时的高度是个定值，而不是变量。

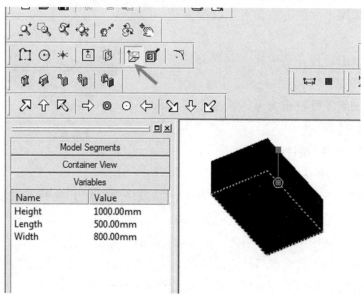

拉伸高度

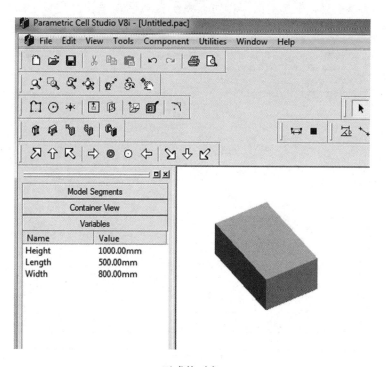

形成体对象

（6）给高度关联变量，用选择工具选择实体，便会发现高度是个定值，采用上面的方法即可与高度变量关联。

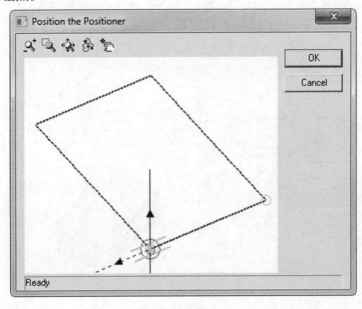

以上通过介绍创建工具栏介绍了最简单的参数化的过程。用户会发现，如果懂得逻辑关系，这是个极其简单的过程。

关联高度

6. 组件/零件工具

组件/零件（Component）工具是将一些最基本元素打包成一个整体，以供将来组成其他的嵌套对象，完成后，组件会出现在左边的窗口里，供将来使用。例如上面的矩形，也可以将其定义为一个组件，将来用它沿着一个路径进行拉伸。

不同的工具生成组件的差异在于用途不同，有的可以被任意拉伸，有的需要将来沿路径放样。如果是沿路径放样，形成组件时，就要设置路径的基点，使用 Define Sweep Component 工具。

选择工具，框选后回车即可，系统在对话框里让用户设定将来放样的基点。

设定放样基点

提示：设置的基点位置及坐标都是有方向的，这也是为了将来与路径对齐，所以，在 PCS 里方向是一个很重要的概念，这也是三维空间里的概念——线有方向，面有正反。

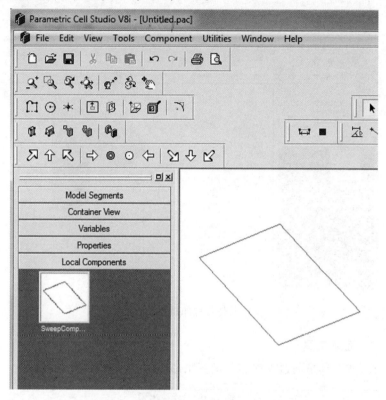

设置好的组件

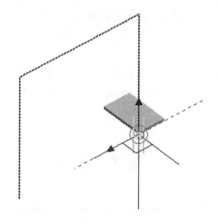

放置可以拉伸的组件

放置时，需要注意，需要用 Snap Set 工具选中对象，才可以将组件放置在路径上，如下图所示，其实门框就是这样做的。

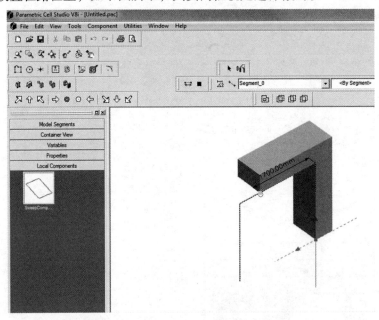

使用拉伸对象

7. 面域工具

面域工具是通过一些布尔运算来形成一些复杂的面域对象。

面域对象

8. 实用工具

实用工具用来放置一些关键点，作为将来的放置基点，所以在建立逻辑化的组件时没有太多原点的概念，放置点是由这个工具来实现的。

放置点工具

9. 属性工具

这里有个 Segment 的概念，单从字面翻译，很难理解它的含义，但可以用图层的概念来理解它。我们定义的参数化组件，除了表达三维模型外，还需要表达不同的二维图纸，系统如何来识别呢？就是通过将不同的对象放置在不同的 Segment 里来实现的，只是名称不同，也会出现在不同的场合。

属性工具栏

下面是系统可以识别的名称，从名称就可以明白它们的含义，通过打开一些已经形成的 PAZ 文件，也可以明白它们的用途。

- BackElev。
- BackFrontElev。
- BottomElev。
- BottomElevPlan2d。
- FrontBackElev。
- FrontElev。
- LeftElev。
- LeftRightElev。
- Model3d。
- Plan2d。
- Plan2dBottomElev。
- RightElev。
- RightLeftElev。

视图工具、标准视图工具、当前参数化组件窗口、本地加载的组件库、状态栏、当前角度捕捉的精度、当前长度捕捉的精度、操作视图窗口这些库都是 windows 软件通用的，就不再一一叙述。

5.2.5.3 PCS 的使用流程

对于 PCS 的使用流程，需要采用如下流程：

（1）新建文件，进行初始的设定，主要设定单位、捕捉精度、路径宽度等参数。

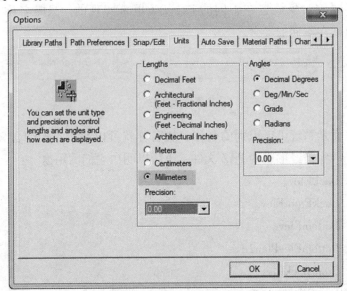

单位设置

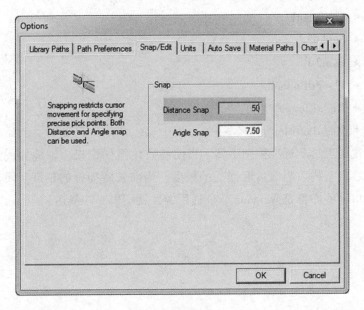

长度捕捉

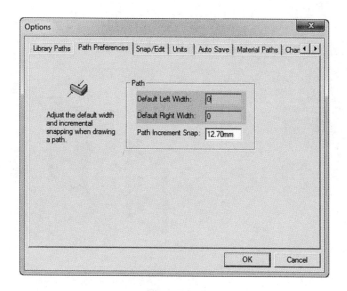

路径宽度设置

（2）规划所需的变量，知道最终的形体是由哪些变量来决定的。

提示：不建议太随意地增加变量。在没有想清楚变量之间的控制关系时，不要太急于开始增加变量。

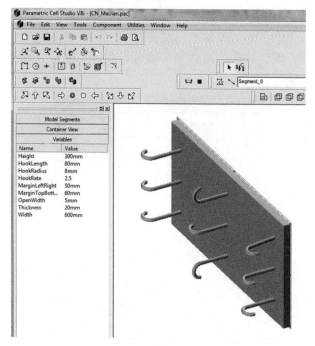

设置变量

（3）设置不同的 Segment 来放置不同的组件，以适应将来不同的模型表达，需要注意"Segment_0"里的对象是不显示的。

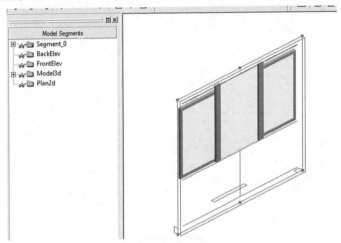

规划 Segment 定义

（4）分嵌套地建立组件并组装。这是个实际操作的过程，用户需要建立组件，然后与变量进行关联，最后通过嵌套关系进行组装。

（5）细节控制。很多时候，用户的组件有特殊的要求。例如，需要在粘连对象上开洞、与对象对齐等操作，这时就必须为一个面设定特定的名称，设定特殊的属性来与墙进行对齐、进行开洞，以及沿用不同的样式来表达材质等。

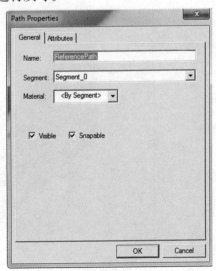

对齐面的设置

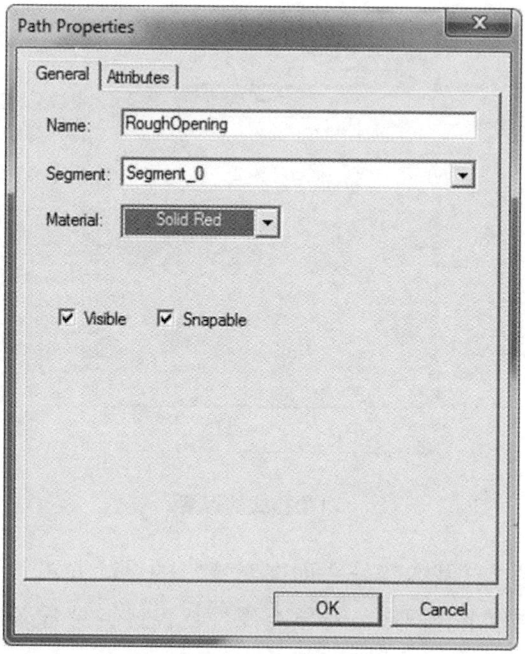

开孔面的设置

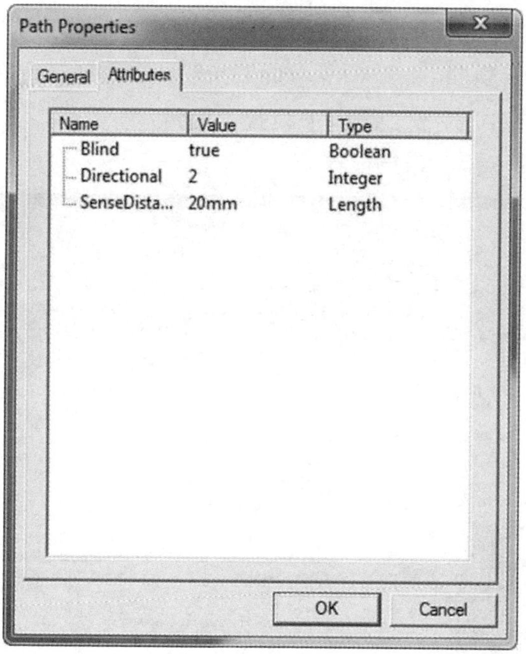

开孔面参数设置

对象样式的设置

至此可见，这基本就是"面向对象"的设计方式，一个复杂的对象由简单的对象组合而成，对象有属性，表达自身意义，不同的对象有不同的方法来处理、应用它。

5.2.5.4 PCS 应用实例

微信公众号：
BentleyBBS

下面通过自定义埋件的过程，来说明一个完整的 PCS 使用案例（这个视频可以到 http：//www. bentleybbs. com 下载，也有语音的过程讲解，也可以扫描左侧二维码下载教学视频）。

（1）新建文件，然后保存。

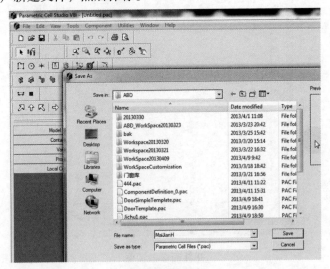

新建文件并保存

（2）设置文件单位、精度及路径宽度。

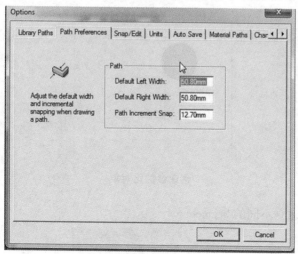

选项设置

（3）绘制不同的路径，以便将来与面对齐、开孔及进行偏移。所使用的路径名称如下：

- ReferencePath——基准对齐面。
- RoughOpening——开孔面。
- FrontOffsetPath——偏移基准面。

提示：这些面同样可以拉伸为体，因为体和面是两个物体，体可以放置在 Model3d 的 Segment 里。

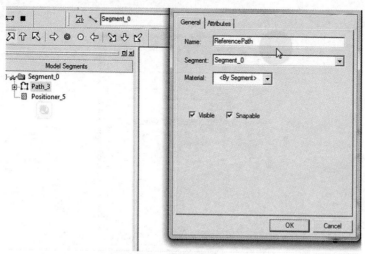

设置基准面

（4）建立变量，并与实体进行关联。

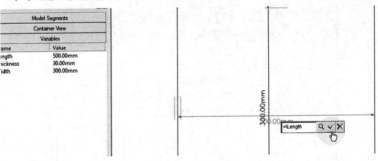

创建参数化对象

（5）建立不同的 Segment。

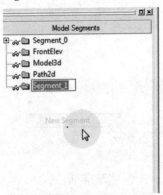

建立不同的 Segment

（6）放置 2D 对象。

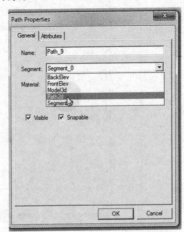

设置 2D 对象

（7）发布为 PAZ 文件。

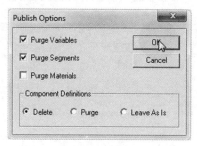

发布 PAZ 文件

（8）使用过程。

参数化组件使用过程

以上是一个简单的示例，这样的操作过程在论坛上还有许多，只要跟着做几个案例，然后思考每个步骤的缘由，然后再完整地看看帮助文件，就会完全掌握 PCS，做出想做的参数化构件。

5.2.6　导入 Revit 族文件 RFA

在 AECOsimBD 的 SS5 版本中，提供了兼容 RFA 的工具，在这里主要介绍导入的过程。

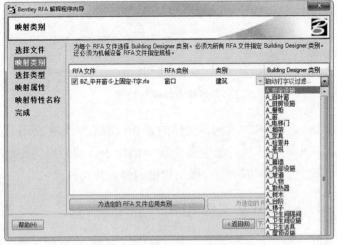

导入向导

在上图中，首先选择是将 RFA 文件导入到项目的目录下，还是公司的公共目录下，这其实与前面的工作环境的层次结构相对应。

在文件选择的选项里，可以选择单个文件，也可以选择整个目录。虽然，在 AECOsimBD 里可以识别 RFA 文件的专业属性，但依据个人经验，强烈建议分专业、分类型导入，以便于对应后面的参数。

点击"下一步"后，系统就会读取 RFA 的文件，识别它的专业和类别，用户需要与 AECOsimBD 里的相应类型对应，系统一般会自动匹配。

设定对象的类别

完成后，点击"下一步"，可以对 RFA 对象的名称进行重新设置。

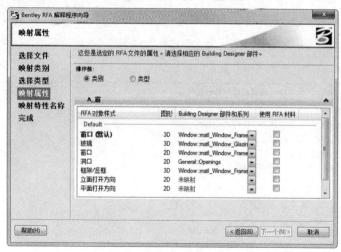

设置 RFA 对象名称

在 RFA 中，对象也是由不同的构件来组成的，每种构件具有不同的材质，在导入 AECOsimBD 时，用户可以为不同的构件来设定不同的样式（Part）属性，以控制不同的属性表达。用户需要对"未映射"的属性做设置，否则无法点击"下一步"按钮。

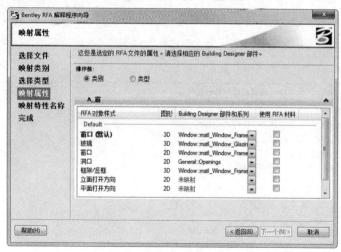

设置零件的属性表达

除了样式，RFA 作为一个信息模型，还有很多的属性也需要和AECOsimBD 里的属性进行对应，以正确地进行读取和属性传递。很可能出现这样的情况，同一类型的对象，RFA 的属性比 AECOsimBD 里的对象属性多，如果用户想使用这些属性，就要得对属性进行对应，为 AECOsimBD 的对象建立相应的属性。

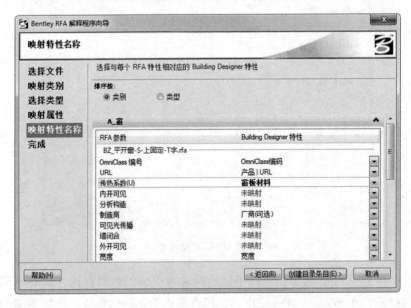

属性对应

设置完毕后，点击创建目录条目即可完成导入过程，系统会给出一个界面，说明导入到哪个目录下，以及创建的条目名称等信息。

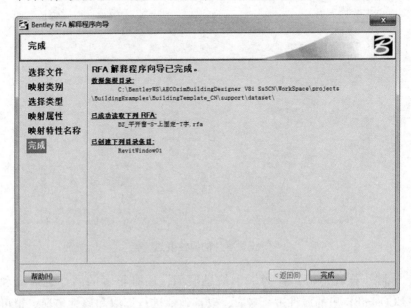

导入完成

放置使用界面

在后台系统其实存储了 RFA 文件，并为其建立了一个 XML 文件，以适应 AECOsimBD 的使用过程，如下图所示。

RFA 文件的存储

6 二维表现的定义过程

建立了三维信息模型后，可以通过切图定义，将三维信息模型翻译成二维图纸，如下图所示。

模型　切图定义　图纸

从三维模型到二维图纸

在此明确一个概念，图纸是符号化的表达方式，而不是一个简单的三维模型的某个视图。二维图纸的产生受限于当时的工程技术手段无法从三维的角度来表达设计，所以用了"符号化"的方式来简化表达。在三维设计阶段，我们有更好、更准确的方式来表达。因此，随着三维设计的发展，二维的出图标准也会发生变化，针对这一问题，在此不再详细讨论。

要将三维模型输出为二维图纸，再符号化的基础是利用对象的属性来翻译，由于对象不同，所采用的属性也不同。

需要再符号化的对象可以分为三类，不同的对象采用不同的再符号化手段，或者多种手段共同起作用。

6.1 信息模型图纸表达分类

6.1.1 体块类对象

最常见的体块类对象是墙体、基础等，这类对象的特点是图纸表达的外形需要相符，通过不同的填充图案、图符信息来在二维图纸中表达不同的对象类型，例如，区分不同的屋顶构造、不同的材质类型等。

6.1.2　设备类对象

设备类对象具有图纸表达的"独立性"，往往作为一个独立的对象存在，例如，家具、水泵、消防器材、电气设备。设备类对象在图纸表达中往往用一个简化的符号来表达。

6.1.3　线性类对象

线性类对象在图纸表达中通常忽略本身的大小，只表达对象的定位和类型，在一些密集或者复杂的场合才会表达构件的真实大小。例如，水管，风管，结构的梁、柱子等。在出图的过程中，往往需要将这些线型对象表达为单线，或者单双线同时表达。

6.2　图纸再符号化控制因素

无论是何种对象，在图纸输出过程中，都受如下因素的影响。

6.2.1　样式

在 AECOsimBD 中，每个构件都有样式的属性，等同于文字在工程设计中"文字样式"的概念，所以，在使用过程中，很少直接引用图层、线型等特性，而是采用样式这一概念来控制对象在 BIM 设计过程中的表现。

提示：样式控制的不仅仅是对象的二维表达，也控制了三维材质、工程量输出等诸多因素。

单从图纸表达来看，对象的样式属性控制了二维图纸表达的图层、线型、线宽等信息，同时，区分构件被看到和被切到的情形。

对于细节的信息，在前面有关信息模型的章节里已经介绍过，在此不再赘述。对于有些对象，例如墙体，当选择一种型号时，系统根据型号里的样式定义，自动设定。

墙体对象的样式定义

有些对象则需要手动来设定，例如风管，系统用不同的样式来区分不同的管道类型，如下图所示。

风管布置时，样式的选择

从某种意义上讲，对象的样式表明了对象的材质，不同的材质
具有不同的二维、三维表达。但某些对象可能是由多种材质组成
的，例如门窗，窗框和玻璃肯定是不同的材质。对于这类对象，在
对象定义时，已经将不同的部分设置为不同的样式以区分材质。当
这类对象进行放置时，系统也会给这个整体赋予一个整体的"样
式"，这个样式更多地表达的是一个"容器"，而不表达细节的图
纸表达。

6.2.2 对象本身定义

切图对象本身的定义主要是对设备类对象来讲的，从前述信息模
型定义的部分可知道，对于模型部分来讲，在定义时，定义了它的二
维表达和三维模型。这当然需要一定的规则控制，定义好后，系统就
会在切图时，自动输出二维的图符，而不是三维模型的某个视图。

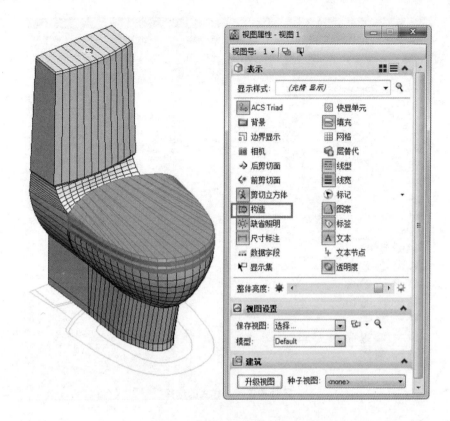

对象的二三维显示

在前述对象定义里，也提到了这一点。这是存储在后台的 Cell（单元）或者 CompoundCell（复合单元）库里的对象，在视图属性里，用户可以通过"构造"对象来隐藏二维的图符表达。

定义	特性	值	可编辑
IFC_Override	IFC替代		☑
ParaDef	参数化类型	BXC	
ParaDef	参数化文件	MT1	
PlumbingFixtures	Manufacture/Mar		☑

后台定义的模型

无论是采用何种方式定义的对象，系统都会有相应的方式来区分三维模型和二维图符。从前述 PCS 的定义可见，在模型的定义里，分别定义了三维模型和不同的视图。

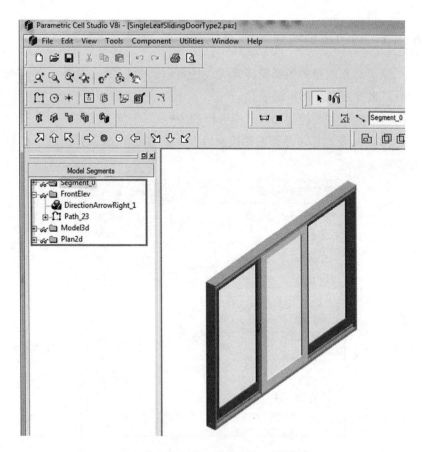

PCS 定义里区分三维模型和二维图符

扩展来讲，在 AECOsimBD 里，可以给任何对象添加二维图符的定义，这在对象的属性里可以看到。但是否适合添加，取决于对象的类型。

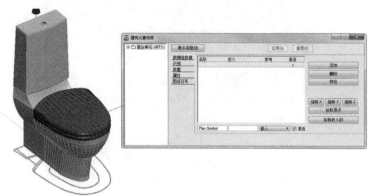

对象通用图符设定

6.2.3 切图规则控制

除了对象本身的定义及样式外，还可以通过切图的规则（Drawing Rule）来控制二维图纸的表达。

切图规则主要控制如下几个方面的内容：

（1）对象的样式是否起作用，以及一些细节控制，并通过一些参数设定来实现。

切图通用规则设定

（2）线型对象的再符号化，通过附加各专业的切图规则来实现。

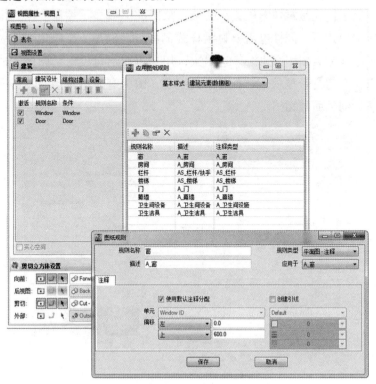

切图规则的使用

（3）对象属性的提取与标注，这也是通过附加规则来实现的。对于建筑类对象是通过属性标注的设定来实现的，对于设备、结构对象是通过切图规则的设定来实现的。

建筑的规则调用属性标注的定义

设备切图规则定义提取风管的属性

6.2.4　显示样式的控制

　　显示样式是对切图位置、区域、范围的整体显示控制。在二维图纸显示模式下，同样也需要显示样式的配合。例如，在墙体切图表达中，原来的墙体图案也会表达出来，用户可以通过设定切图样式的参数来控制它是否显示，是否显示透明度，因为有时不希望通过透明的玻璃看到后面的物体。

显示样式在切图里的控制

提示：有些显示样式是只针对于切图的图纸显示方式的。

6.3 切图使用流程

如前所述，针对二维的图纸表达，有很多的因素来控制最终的结果。核心的控制因素是对象本身的定义及样式定义，切图规则和视图显示控制细节。

如果每输出一张切图都要做这么多的控制，效率是很低下的。为此，在切图过程中，可以将想控制的参数整合为一个"模板"，切图时只需要选择这个模板即可，这样就大大地提高了切图的效率。在实际的使用中，有两种方式整合模板。

6.3.1 使用定义好的模板

使用定义好的模板是最简单的方式，也是管理员最容易控制的方式。管理员将不同的切图需求定义为不同的模板，让使用者选择，输出的结果满足所需的要求。

系统提供了不同的切图类型，不同的切图类型有不同的模板可供选择，不同的模板又包含了不同的切图规则和定义。

不同的切图类型和模板

提示：每一个切图的模板对应特定的专业和切图类型。用户使用建筑模块切平面图时，系统只显示建筑的平面切图模板。切图的模板定义会在后面讲到。

在这种使用方式下，切图模板好像一个"黑匣子"，不让用户修改里面的任何参数，只需要根据提示设定切图的位置、方向和范围，图纸就出来了。

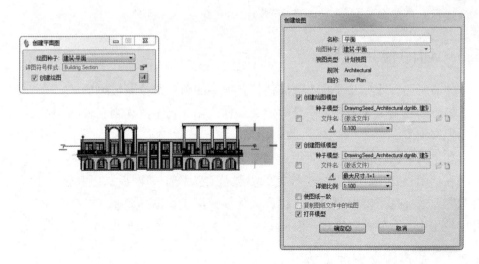

利用定义好的模板的切图过程

6.3.2 在已有的模板上进行更改

很多时候，切图模板的定义可能不符合用户的需求，在这种情况下有两种选择：

（1）新建、修改切图模板，这是由管理员来做的。

（2）在已有模板的基础上，调整部分参数，然后生成所需的图纸。

对于第一种方式，在下一节的切图模板定义里会提及，第二种方式也有两种方法可以实现。

从原理上，切图是参考了三维模型的一个切图定义。但是这个参考的更新并不是实时的，即如果切图定义修改了，切图并不会实时更新，需要人工参与。

我们知道，切图的过程是根据模板建立了一个切图定义，切图定义里保存了参数来生成切图。也就是说，模板里的参数是切图定义里的预设参数，来控制切图的表现。因此，要控制切图的表达，也就变成了控制切图定义的参数。切图定义参数的控制通过两种手段来实现。

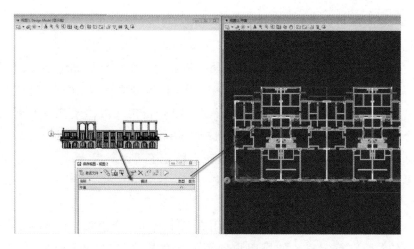

切图定义与输出的关系

1. 创建完毕后再修改

这种方式下，可以只修改结果，也可以在修改结果的同时修改切图的定义。

在切图的参考里会看到，系统是参考了三维模型的切图定义。通过点击参考的显示控制，可以控制结果，并可以有选择地将修改后的设定同步到原有的切图定义里。

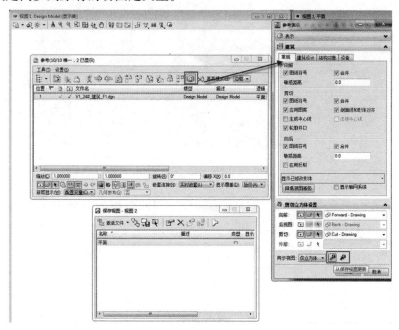

切图的修改

从上图可以看到，通过切图的参考表达设定，可以控制切图的表达，也可以再次修改切图规则。

在参考表示对话框的下部有两个按钮，一个是从原始的切图定义里获得参数，另一个是将修改的参数设定同步到原有的切图定义里去。

提示：用户只会在 Drawing 参考一个切图定义时，才可以看到这个参考表示的对话框。如果一个图纸 Sheet 参考了一个切图，那么在 Sheet 的参考对话框里显示的内容和上图是不同的。因为，在 Sheet 里参考的是一个成果，而不是一个定义。

2. 创建时修改

在利用切图工具的过程中，用户只能选择一个模板，而无法对模板的参数进行定义。如果用户使用剪切立方体（ClipVolumn）工具，则可以在已有模板的基础上来修正参数，然后再生成切图（Drawing）。

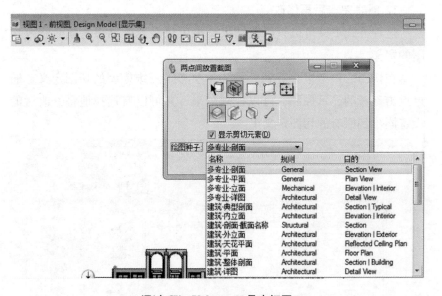

通过 Clip Volumn 工具来切图

在这种情况下，系统是无法区分不同的模板的，所有的模板都显示出来，供用户使用。用户选择切图的方向、模板后，在视图中点击。

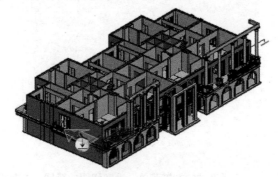

选择默认的切图方向和模板

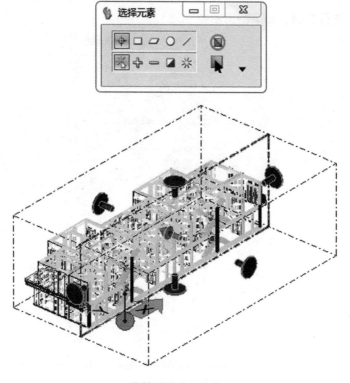

三维模型发生的变化

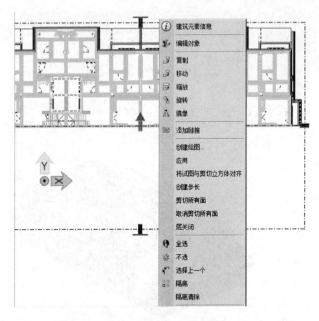

通过区域的右键菜单，设定切图的范围、方向等参数

在切图区域被选择的情况下，点击视图属性，可以对切图的细节进行控制，如下图所示。

切图规则选项设定

当设定完毕后，在切图区域的右键菜单里选择"创建绘图"，即可根据设定的参数及规则生成切图。当然，用户也可以通过第一种方法来修改切图定义。

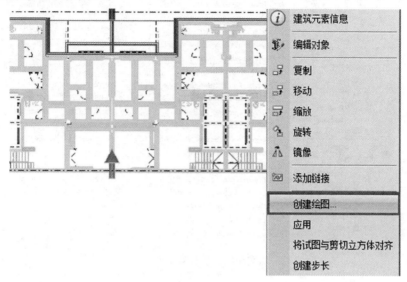

创建切图

6.4 切图模板的定义流程

在很多情况下，建议用户使用切图模板来生成切图，以简化操作过程。但对于管理员来讲，只需要根据出图需求，定义好模板，然后供使用者选择。

切图模板是预存在特定文件里的切图定义，然后被系统引用而已。因此，定义切图模板的过程，就是采用上面的第二种方法，设定好切图的参数，保存在文件里，放在特定的目录下。当然，出图过程分为切图和组图两个过程。在组图过程中，会涉及参考的图框。

6.4.1 存储的文件

切图模板保存在工作空间目录下，根据专业的不同，切图的文件也不同。从技术角度讲，可以将所有的模板保存在一个文件里，但从管理角度讲，为了后续维护方便，还是分文件存储比较好。

切图模板文件保存的文件

6. 4. 2　控制的变量

切图模板的定义文件要起作用，是有系统变量来定义的，不同的专业会使用不同的切图定义的变量。

专业	变量
建筑专业	ATF_DRAWINGSEED_DGNLIBLIST
结构专业	STF_DRAWINGSEED_DGNLIBLIST
设备专业	BMECH_DRAWINGSEED_DGNLIBLIST
电气专业	BBES_DRAWINGSEED_DGNLIBLIST

对于通用专业或者涉及多专业的切图，系统其实是读取变量 MS_DRAWINGSEED_LIBLIST 的设定。同时在上面每个专业的变量定义后，都有一条语句被 MS_DRAWINGSEED_LIBLIST 搜索到，如下图所示。

```
# DV Drawing Seed File
%if ($(BB_DISCIPLINE) == "Mechanical") || ($(BB_DISCIPLINE) == "BuildingDesigner")
BMECH_DRAWINGSEED_DGNLIBLIST = $(TFDIR)dgnlib/DrawingSeed_Mechanical.dgnlib
MS_DRAWINGSEED_LIBLIST > $(BMECH_DRAWINGSEED_DGNLIBLIST)
%endif
#
```

变量的定义

这些变量的定义并没有在项目的配置文件里，而是在 BuildingDis-ciplines. cfg 和 BuildingDesigner. cfg 里，它们存储的目录为 C：\ Program Files（x86）\ Bentley \ AECOsimBuildingDesigner V8i Ss5CN \ AECO-simBuildingDesigner \ config \ appl，用户可以通过前面讲的 Bentley Con-figration Explorer 软件，来查询这些变量及配置文件的定义。

具体的操作在此不再赘述。

6.4.3　切图模板定义

打开这些模板文件时会发现，这些都是普通的 Dgn 文件（Dgnli 文件和 Dgn 文件只是扩展名不同而已）。在这些文件里保存了定义好的切图定义。

建筑专业切图模板文件

在这个文件的 Model 里，会看到如下的切图和图纸组织，当用户选择一个切图模板时，系统就是在这个文件里找到一个切图定义，然后根据切图定义生成切图文件。与 Model 里的 Drawing 设置相同，之所以生成的组图文件里自动引用图框，也是由于在模板文件的 Sheet 里参考了图框。

切图模板文件组成

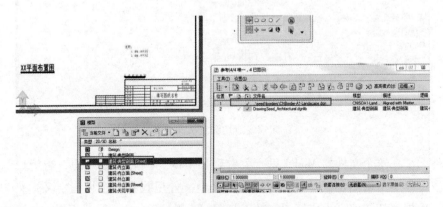

组图文件里参考的图框

因此，如果想自定义切图模板，就是让系统可以搜索到已有的模板文件或者新建的模板文件，然后在文件里建立自己的切图定义即可。

在切图定义的邮件属性里，也可以看到这个切图定义的专业及切图类型，这都是为了让不同的专业模块和切图类型来识别。

切图属性

定义模板的具体过程和前述在使用过程中根据模板修改切图定义的方法相同，下面再详细介绍一下细节。

提示：在切图模板里是参考的一个模型案例，这个模型只是让用户看到最终的切图效果，不会带到最终的模板里去。

1. 定义切图的位置和方向

定义切图的位置和方向主要是控制最终切图定义模板里所设定方向、切图平面的范围。对于立面图，用户可能要求看得无限远，而对于平面，用户需要平面无限延伸，同时看到一个深度。

在视图工具栏上选择剪切立方体（Clip Volumn）工具（见下图）就会发现，新定义的模板其实也是由一个已有的模板生成的。

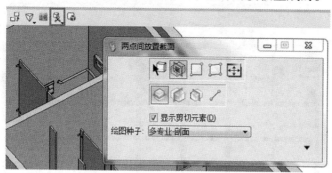

剪切立方体工具

在对话框里选择剖面剪切工具（Place Fitted Section），下面有四个按钮可供选择，前三个按钮是标准的剖面方向，选择后，只需在视图里点击鼠标左键，即可出现如下图所示的显示框。

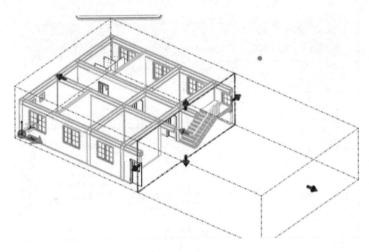

放置了切图范围

如果选择第四个按钮，则采用手动的方式来设定剖切的方向和位置，如下图所示。在定义前，最好将视图旋转到一个标准视图上，例如顶视图。

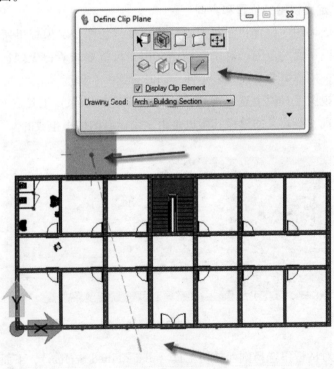

自定义切图的位置

这个过程按照状态栏提示操作即可。

提示：如果设定的位置不正确，可以用清除剪切立方体（Clear Active Clip Volumn）的功能来恢复模型的初始显示状态，如下图所示。

清除定义

无论采用哪种方式，都会形成如下的显示方式。切图其实是需要将切图的内容及沿着指示方向所看的范围保存起来，成为一张新图。所以，这里面有个调整的过程。

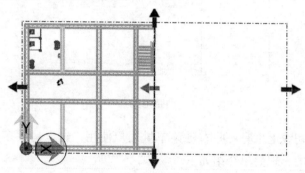

在上图的虚线范围的各个部分都有右键菜单，可以设定不同的选项，图中圈出的箭头表明右键的位置。可以通过 Flip Direction，改变观察的方向。

调整方向

方向的调整，其实在模板里并不重要，方向更多的是在使用过程中来调整。

可以通过"剪切所有面（Clip All Sides）"命令，使虚框外的模型不显示，从而控制切图的范围，如下图所示。

提示：两种显示方式，范围的箭头形状也是不同的，所有的箭头都可以拖动，从而实现切图位置和方向的调整，如下图所示。

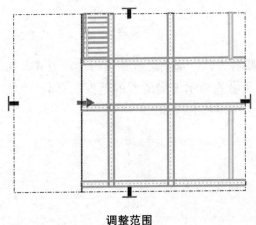

调整范围

在剖切线上也有一些右键菜单供用户使用，这也是大多在使用过程中设定的，现简单介绍如下。

（1）建立步长（Create Step），实现阶梯剖，如下图所示。

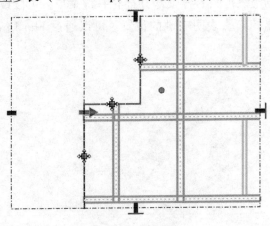

调整切图范围

（2）将视图方向与剖切面对齐（Align View To Clip Volumn），这其实是让我们看看切图的范围是否合适，这与最后的剖切图十分相近。

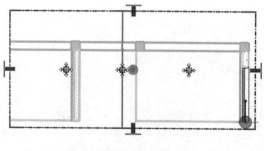

调整切图范围

至此，已经将位置和方向调整完了，但其实在专业软件里，构件可能会被切出不同的填充图案，而不是见到的剖切，这是通过"视图属性"来设定的。

2. 定义切图规则

点击"视图属性"按钮，调出如左图所示对话框，也可以通过"Ctrl + B"来调出。

提示：只有在 AECOsimBD 里，才有"建筑（Building）"选项卡，而纯 MS 只有"剪切立方体（Clip Volume Setting）"选项卡可以设置。

点开"建筑"选项卡，可以来设定一些细节，例如，是否有填充，是否有中心线，同种材质是否合并，图案是否对齐，以及各专业的切图规则。在此不做详细的介绍。

至此，已经将切图的一些细节调整完毕，在切图位置的右键菜单里选择"创建绘图"，系统弹出如下界面，让用户保存切图定义，同时生成切图和组图文件。

提示：用户对切图和组图文件的设置会被使用过程调用。例如，在图纸里添加了图名的信息，那么在最终使用此模板时，自动生成的图纸，也有这个图名信息，从这个意义上讲，这就是一个种子文件。

视图属性设置

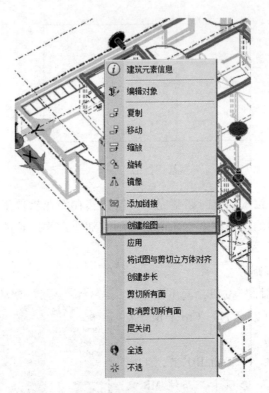

创建绘图

创建切图

在上面的对话框里，首先选择一个绘图种子，这样做其实是自动填写后面的参数，在选项"规则"里设定是哪个专业的模板，如果是"General"就是多专业的模板。

类似地，需要设定切图的类型，如下图所示。

设定切图的专业   切图的类型

在"创建绘图"对话框下部的"创建绘图模型"和"创建图纸模型"里，虽然用户可以选择不同的文件，但定义模板必须要放置在本文件里，不允许放置在其他的文件里。在使用过程中，用户可以自由设置，自行选择将切图的结果放置在本文件中，还是其他的 Dgn 文件。

定义完毕后便会发现，在视图里有了新的切图定义，在 Model 里有了新的存储文件。如果用户有设置好的图框，可以在 Sheet 图纸类型的 Model 里设置图符，并参考图框。

提示： 当以此模板为种子文件建立新的图纸时，应保证参考位置有效。

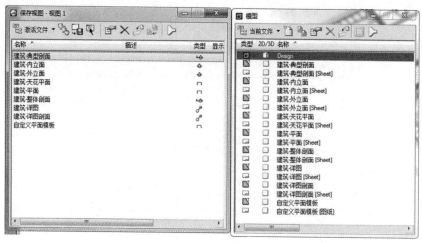

切图定义和图纸组织

以上就是切图模板的定义过程。

启动建筑模块时发现新的模板

6.5 图纸模板的定义

在切图过程中，可以选择一个切图模板，然后系统自动输出一个切图和图纸，如下图所示。但在实际应用过程中，我们并不会采用如此"自动"的方式。因为，有时需要将切图布置在不同图符大小的图纸上，有时也可能将多个切图放在同一张图纸上打印出来。

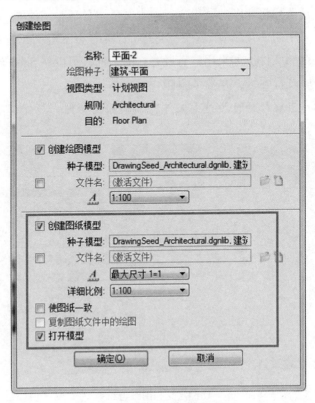

切图输出过程

所以，一般情况下，只在上面的对话框里选择"创建绘图模型"而不生成图纸。对于图纸，可以采用手动的方式建立，自己选择图符大小，参考图框。而在自动设置图纸的过程中，用户所设置的参数，也可以用图纸模板来控制。

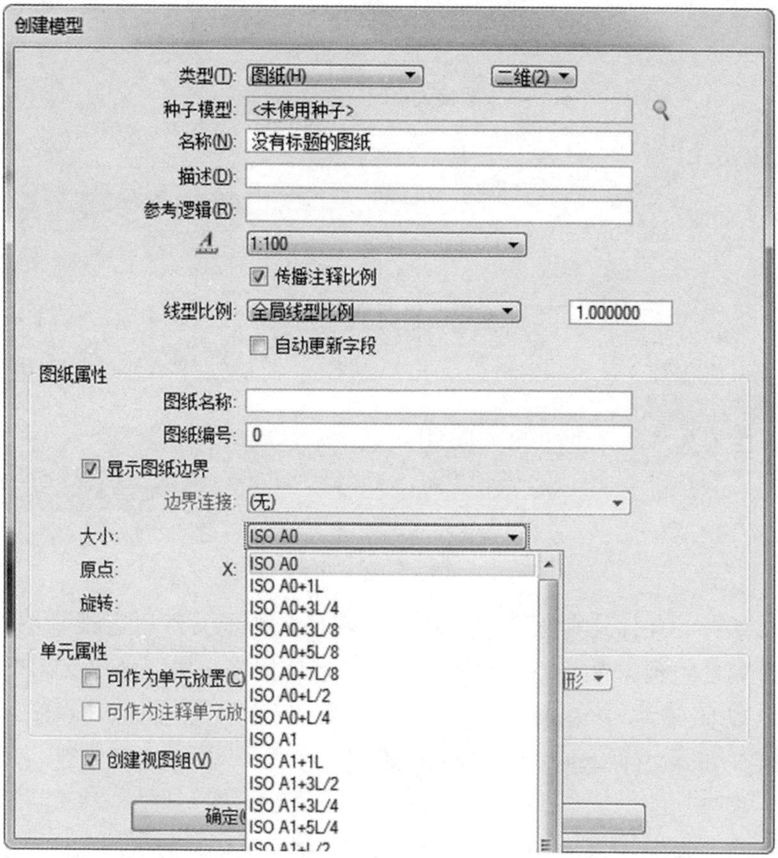

手动创建图纸

在手动创建图纸的过程中，需要手动创建参数，然后在图纸里去参考事先绘制好的图框。对于图幅的大小，每个公司会有自己常用的图幅大小。图幅的大小是用图幅大小控制文件 Sheetsizes. def 来控制的，其存放目录为"..\ WorkSpace \ BuildingDatasets \ Dataset_CN \ data"。这是一个文本文件，用写字板打开，查看格式就可以添加自定义的图符大小，如下图所示。

设置自己的图幅大小是定义图纸模板的前提，在正常情况下，不会手动设置这些参数，而是选择一个模板，如下图所示。

```
# 8 Series Formats
#    Name                    Units      Height    Width   TopMargin   LeftMargin  BottomMargin  RightMargin
ISO A0 ;                     毫米;       841;      1189;     0.00;       0.00;       0.00;        0.00;
ISO A1 ;                     毫米;       594;       841;     0.00;       0.00;       0.00;        0.00;
ISO A2 ;                     毫米;       420;       594;     0.00;       0.00;       0.00;        0.00;
ISO A3 ;                     毫米;       297;       420;     0.00;       0.00;       0.00;        0.00;
ISO A4 ;                     毫米;       210;       297;     0.00;       0.00;       0.00;        0.00;
ISO A0+3L/4 ;                毫米;       841;      1486;     0.00;       0.00;       0.00;        0.00;
ISO A0+L/2 ;                 毫米;       841;      1635;     0.00;       0.00;       0.00;        0.00;
ISO A0+3L/8 ;                毫米;       841;      1783;     0.00;       0.00;       0.00;        0.00;
ISO A0+L ;                   毫米;       841;      1932;     0.00;       0.00;       0.00;        0.00;
ISO A0+3L/4 ;                毫米;       841;      2080;     0.00;       0.00;       0.00;        0.00;
ISO A0+7L/8 ;                毫米;       841;      2230;     0.00;       0.00;       0.00;        0.00;
ISO A0+1L ;                  毫米;       841;      2378;     0.00;       0.00;       0.00;        0.00;
ISO A1+L/4 ;                 毫米;       594;      1051;     0.00;       0.00;       0.00;        0.00;
ISO A1+L/2 ;                 毫米;       594;      1261;     0.00;       0.00;       0.00;        0.00;
ISO A1+3L/4 ;                毫米;       594;      1471;     0.00;       0.00;       0.00;        0.00;
ISO A1+1L ;                  毫米;       594;      1682;     0.00;       0.00;       0.00;        0.00;
ISO A1+5L/4 ;                毫米;       594;      1892;     0.00;       0.00;       0.00;        0.00;
ISO A1+3L/2 ;                毫米;       594;      2102;     0.00;       0.00;       0.00;        0.00;
ISO A2+L/4 ;                 毫米;       420;       743;     0.00;       0.00;       0.00;        0.00;
ISO A2+L/2 ;                 毫米;       420;       891;     0.00;       0.00;       0.00;        0.00;
ISO A2+3L/4 ;                毫米;       420;      1041;     0.00;       0.00;       0.00;        0.00;
ISO A2+1L ;                  毫米;       420;      1189;     0.00;       0.00;       0.00;        0.00;
```

图幅大小定义文件

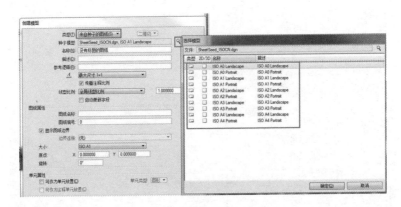

选择图纸模板

选择的文件其实就是一个种子文件，在种子文件里有很多图纸，图纸里已经预先参考好了图框，而且已经使用 Tag 功能来定义图框信息，以便于集中编辑。用户可以参考 Seed 目录下的 SheetSeed_ISOCN.dgn 文件，建立自己的图纸模板。

提示：

（1）Seed 目录在 DataSet_CN 目录下有，在项目的 Support 目录下也有。在完成项目的过程中，使用项目目录下的种子文件。

（2）在 Seed 目录下有个 Border 目录来存放图框，以便于引用参考。

（3）新建图纸文件时，文件里也参考了图框，所以注意定义图纸模板时相对路径和绝对路径的关系。

（4）图框按照 1:1 绘制，左下角放置在世界坐标系的零点，以便于参考后位置正确。

由此可见，定义图纸模板的过程，就是在一个 Dgn 文件里建立了所需的图纸大小和方向，在每个图纸里参考相应大小的图框，在图纸里通过 Tag 的方式写入预置的标题栏默认信息。

因此，对于图纸的内容来讲，标题栏信息是写入图纸的，若以这个图纸为模板建立新的图纸，那么标题栏就是默认的信息。图框是参考的，以此为模板建立的图纸也是参考了相应的图框，所以，用户需要保证这个参考有效。

6.6　构件样式定义

6.6.1　样式控制的内容

"样式"的概念是个通用的概念，我对"样式"的理解是，多个参数设定的组合。当设定一个文字的表现时，需要控制大小、字体、行间距、颜色等因素，如果每次写文字都经历这个设定过程，将是一个很痛苦的过程。为了避免这个烦琐的过程，可以将多个参数的组合设定为一种样式，然后把这个样式赋予一个对象，那么这个对象就具有了多个参数控制的综合效果。

因此，应该用通用的概念来理解"样式"，文字样式、标注样式、打印样式、显示样式，无不体现"样式"（Style）的含义。

对于一个具有丰富属性的 BIM 对象而言，同样也需要样式来控制对象的表现，当然也可以认为样式是对象的一个属性。

打个简单的比方，一个对象就像一个人，它的 DataGroup 属性就等同于描述一个人的身份、职位、户籍、血型等信息。而样式（Part）属性，更多的是描述人在各种场合下的表现。例如，上班时穿正式的服装，在家就相对休闲些。

在 AECOsimBD 里，可以给任何的构件添加样式属性，就像可以给一个没有生命力的稻草人穿上华丽的衣服一样。但它没有血型、户籍、身份号码等属性一样，表现的只有样子，而没有实际的生命力。

提示：我用了"构件"和"对象"来区分 MicroStation 基本的对象（点、线、方、圆、弧……）和 AECOsimBD 的专业对象（墙、窗、管、泵……）。

对于一个专业对象来讲，在不同的场合它有不同的表现，例如，在放置对象时，对象是放置在什么图层，采用什么线型、什么颜色；在渲染时，采用什么材质；在切图时，切成何种表现；在统计工程量时，采用何种规则，统计哪些工程量等。

所以，在 AECOsimBD 里，样式也控制了这些内容。只要对象赋予了样式，它就会按照样式的设定在不同的场合表达不同的属性。系统提供了一个丰富的样式库，在样式库里，样式按照类别进行组织。不同的类别被放置在不同的 XML 文件里进行存储，XML 文件又被不同的变量指向，这点已在工作空间（Workspace）的内容里说明过。

对于样式库，用户可以通过灵活的定义来扩充，但在定义时也要从文件命名、类别划分来组织，以便于进行管理和维护。

在英文版中，类别/样式，表达为"Family/Part"，传达的理念也是分类的概念，在翻译时并没有采用直译，因为采用"样式"的概念比较贴切。

系统还提供了"复合样式"的概念。顾名思义，复合样式是单一样式的组合，它更多地配合某些专业对象的使用，而并不是对所有的构件都有效。用户可以一次放置一个由多层材料组成的复合墙体，每一层由复合样式的定义来控制。控制每层的厚度、位置关系等。用户也可以用线和多线的关系来理解样式和复合样式。

还有另外一个概念是"工程量"，英文版中是"Component"。工程量是定义了不同的工程量定义，然后被每一种样式引用，以控制工程量的输出。例如，同样是体积，混凝土的体积和钢梁的体积价格不同、密度不同，甚至价格曲线也不同（所谓的价格曲线简单说就是买多了便宜）。

所以，工程量定义了不同类型的工程量，然后被样式引用，在引用时设定引用规则及计算规则。

无论是样式、复合样式，还是工程量，系统都可以通过如下菜单进入。

样式对话框进入

用户也可以通过其他的方式进入，例如，通过样式工具栏上的按钮，如下图所示。

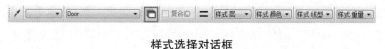

样式选择对话框

进入样式对话框后，如下图所示，在对话框里可以同时进行样式、复合样式以及工程量的设定。

样式设定对话框

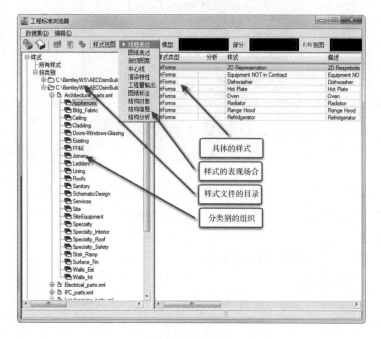

样式的内容组织

通过上图可以看到，一种样式控制了多种场合下的属性表现，当选中一种场合时，就可以设置该样式的属性表现。例如，如下的"线框表达"场合，它设定了当对象在放置时，会被放置在哪个图层上，以及线型、线框、颜色等信息。用户可以在右边属性里直接设定，但建议采用右键菜单的方式来设置，会更方便些。

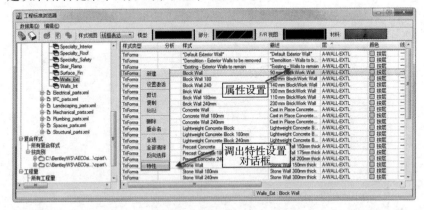

特性设置

特性设置

提示：在特性设置对话框里，某些属性对于某些特定对象才有意义，这是历史沿革的原因。例如，上图的厚度、高度对于一个管道是没有意义的。

下面简要介绍样式控制的内容。

1. 线框表达

如前所述，对象基本属性的设定，是在样式类型里，有个"样式类型"的选项。需要解释一下，这里区分是普通的对象（TriForma）还是结构对象。如果是结构对象，那么在结构输出、分析等操作时，会识别的。至于 TriForma 的含义，用户不需要特殊理解，就当它是一个名词，如果是 Bentley 的老用户，就会知道 TriForma 原来是 Bentley 的一款底层的支持软件，它首先建立了样式的概念来区分不同的专业对象，有点类似于"初级 BIM"的意思。原来的老版本的建筑系列软件以及工厂系列软件（PlantSpace 系列软件）都是构建在 TriForma 这个"二级平台"上，后来随着软件的升级，基本就不提它了，而是作为一种隐含的概念，但在一些界面上还会有。

样式类型的定义

2. 图纸表达

图纸表达是用来设定当对象被输出图纸时表达的形式，如下图所示。

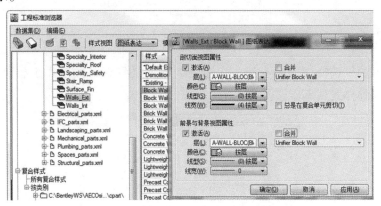

图纸表达设置对话框

点击"激活"就可以设置切图的显示控制。如果不点"激活"，系统在切图时会显示"线框表达"的设定。

在视图属性里有"剖切面"和"前后视图"的分开设置，这是因为，在切图时指定了一个剖切的位置和观看的深度。对象被"剖到"和"看到"会有不同的图纸表达。

提示： 在切图设定里，可以设定剖切位置的多大范围内系统都会认为是"剖切"到了。

"合并"按钮是用来设定当两个物体相交时是否合并。当选中"合并"按钮时，用户会发现，前面的属性设定已经不可以设置了，这是因为用户选择了与其他样式"合并"，那么切图的属性就会沿袭选择的"合并"的样式，因此也就不需要单独设置了。

这样的方式通常用于一大类对象的统一出图设置，例如，有多种混凝土，混凝土的出图都一样，用户就可以建立一种统一的出图设定样式，然后其他的混凝土样式都与这种样式"合并"，就会沿袭相同的出图设定，这些不同的混凝土之间也可以相互合并。

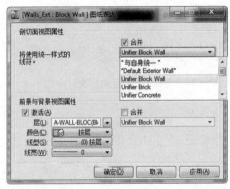

合并的设定

如果选择"与自身统一"选项，那就是只有同种样式才会合并，不同种样式就不能够合并了。

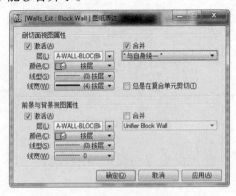

与自身合并设定

合并的概念就是消除掉两者相交的线，如下图所示。

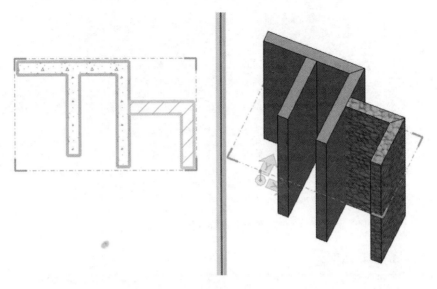

合并的设定

提示：如果在样式（Part）里设置了"合并"，在切图规则里可以设定为不合并，如果在样式里设定了不合并，那么无论如何也不可以在出图时把物体合并在一起，如下图所示。

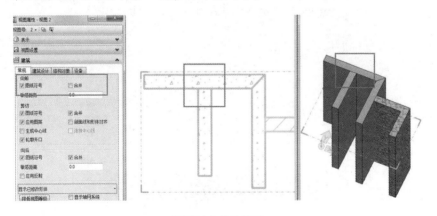

切图时合并的设定

对于多种样式通过合并的方式采用同一种图纸表达的做法，需要弄懂其中的逻辑关系：如果一种样式设定了与自身合并，那么它就可以被其他的样式链接合并，一旦链接，它自身的设定会出现如下画面，选项已经灰掉了，用户不能进行设置，因为已被其他的样式引用。

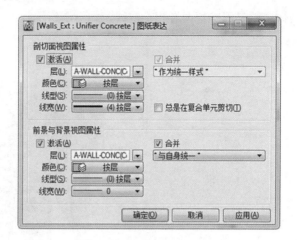

被合并的样式属性

3. 剖切图案

"剖切图案"与"图纸表达"一样，用来设置对象的图纸表现。

提示：一种样式，如果在"图纸表达"里设置了合并，那么此处会不可以设置，而显示如下对话框。

合并后的剖切图案设置对话框

如果没有合并，系统会显示如下的设置对话框。

剖切图案对话框

在 MicroStation 的概念下，填充（Fill）和图案（Pattern）是两个不同的概念（在 AutoCAD 里，填充是图案的一种）。

对于图案，用户可以设定斜线、十字交叉线，以及通过图案化的方式，在右面选择一个单元作为剖切的图案。显示的单元是系统搜索WorkSpace 目录下 Cell 目录下相应的文件，供用户进行选择。

如果用户选择线性或者十字剖面线，可以通过"剖面线"设定相应的图形显示。

4. 中心线

中心线与剖切图案相同。需要注意的是，中心线对线性构件才有作用，如墙体等，从底层上，这些构件是由 Liner Form 来形成的。而对于管道等类似于"线性"的对象是没有作用的，因为从底层模型上，它不是用 Liner Form 来表达，而是通过其他形体表达，对于这类对象，是通过后面讲的切图规则来控制的。

中心线设定

只有用户在线型里设定了自定义线型，系统会让用户设定线型的比例因子。

5. 渲染特性

渲染特性用来设置对象在体着色显示模式下构件显示的材质特性，对于这个属性的设置，建议在右侧的属性中来设定，如下图所示。

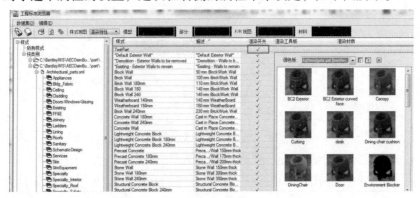

渲染属性设定

在"渲染开关"里打开，然后点击"渲染工具版"选择材质即可。如果通过右键的属性菜单反而会麻烦。

需要注意的是，通过样式（Part）可以设置材质，通过 MicroStation 也可以设置材质。通过样式设置的材质，是针对于对象一个整体而言的。当然，对于门、窗等由多种样式控制的整体，其实也是对于一个"整体"而言，因为用户不可以通过样式（Part）的设置为对象的不同面赋予不同的材质。

而在 MicroStation 里有两种方式来赋予：一种是通过图层批量赋予，这种情况下用户也不能单独设置某个面；另一种是设置单个物体的单个面。

如果用户想更细地控制材质的显示效果，我认为利用 MicroStation 的渲染控制是对的，我的理解是，利用样式的材质控制是从设计阶段粗略地观看材质。

这就产生了一个矛盾，在 AECOsimBD 中采用 MicroStation 的机制进行材质赋予时，用户会发现无法实现材质赋予。因为，对象已经被样式"赋予"了一种材质。系统在设计时考虑了这一点，所以，提供了一个变量的控制，在项目的配置文件里，用户可以看到如下的语句：

```
# – – – – – – – – – – – – – – – – – – – – – – – – – – – –
# Enable rendering by parts（1 = yes；0 = no）
# – – – – – – – – – – – – – – – – – – – – – – – – – – – –
    TFPART_RENDER  = 1
```

这个语句很容易看懂，只需改为 0，系统就会忽略样式（part）赋予的材质。而 MicroStation 与对象以及图层的材质对应关系，又可以保存为 Mat 文件，所以，样式固定，图层固定，材质与图层的对应关系一致，这可以被理解为一劳永逸地解决材质的赋予问题。对于这一点，此处不再赘述，用户如果对渲染有理解，就会很容易明白。

6. 工程量输出

工程量输出是用来设定对象在工程量统计时，遵照何种规则，输出哪些工程量，如下图所示。

提示：用户需要提前设置好工程量。

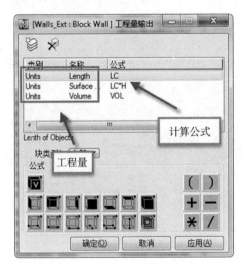

工程量设定

工程量的设置步骤为：先在如下界面下设置好工程量，然后再在上面的界面里调用。

工程量设置对话框

同样，用户可以通过右键属性命令弹出的对话框来设置工程量。工程量也是通过类别来分类组织的。在工程量设置里，设置了每种工程量的单位、密度、价格、精度等属性。

这些工程量设置完毕后，就可以通过每种样式的工程量设置来调用，如下图所示。

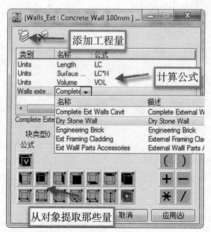

调用工程量

需要注意的是，当这种样式赋予对象时，样式的工程量设置就用来控制从对象提取哪些量，按照何种算法来计算输出工程量，用户可以通过使用对象的一些基本工程量，通过一定的运算和系数来获得想要的工程量。例如，已知墙体的长度，而内墙的刷漆面积是 1.8m 高，那么刷漆面积就可以通过"基本量（长度）×1.8"来获得，如下图所示。

计算公式的使用

如果是计算人工时，那么首先需要在工程量的设置里定义人工时的工程量属性。例如，是按照天计算还是按照小时计算。如果每人每天刷漆 500m² 的话，那么"基本量（长度）×1.8/500"就是所需要的人工时。

需要特别注意的是，对象的特性决定了对象可以提供哪些基本量。例如，墙除了体积外，还可以提供每个面各自的面积，还可以提供墙体的长度。因为，系统用一种"高级的形体"—"FORM"来表达形体，在中文版中我翻译为构件。如果，用户用 MicroStation 绘制了一个体对象（Solid），而赋予它一种样式，样式的工程量里提取长度或者某个面的面积，那么系统就会报错，提醒用户无法提取。因为对于基本的体对象（Solid），只有体积和总面积，没有办法提取某个面的面积。

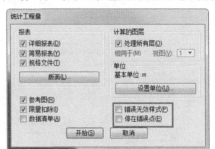

工程量统计设置

这也是为什么，在统计工程量时，有如左图所示的选项让用户设置。

以上就是对于样式的主要属性的设置，用户还可以设置其他的属性，如下图所示。

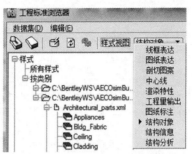

相关属性的设置

在上图中，"图纸标注"属性是一个老的属性，它的作用是给构件设置自动标注，但从工作流程讲，我不建议这样来设置，因为标注毕竟是给人看的，自动标注的东西，还要调整，反而费时费力。

"结构对象""结构信息""结构分析"属性都是对结构对象来说的，只有当样式被设置为结构属性后，才可以来设置。

6.6.2 复合样式的使用

复合样式是多种样式的组合，对某些特定的构件才有意义，例如，建立复合墙体时，系统其实是调用了一种复合样式，我认为它更多地用来绘制多层或者多个截面组合的"体"对象。在使用基本的构件对象 Form 时，也可以调用复合样式。它的设置是通过调用已经设置好的单一样式来实现的，通过如下的属性框来设置每种样式的默认厚度、位置、高度等信息，如下图所示。

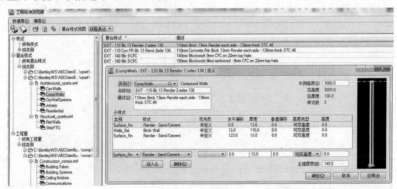

复合样式设置

6.6.3   样式在不同专业的引用

样式（Part）作为控制对象的表现，在不同的应用场合，有不同的使用方式，在某些情况下，样式的对话框会被锁住，不可以自由设置，而是作为对象的一个属性。下面分别用来介绍。

1. 作为对象属性的一部分

现阶段，系统是按这种方式处理墙体的，我自己感觉，后续软件会把这样的处理方式应用在其他类型的对象上，这样的处理原则是将样式作为对象的一个基本属性。

墙体创建时，样式的使用

2. 作为内嵌属性

对于组合对象，例如窗户，是由不同材质的部分来组成的，在这种情况下，一种样式是无法满足需求的，所以，在定义门、窗时，已经为不同的材质部分设置了不同的样式，内嵌在参数化模型里，这点在定义参数化模型时已有涉及。当作为一个整体放置门、窗对象时，系统其实也给这个"整体"赋予了一种样式，而这个样式是作为一个逻辑意义上的"容器"来存在的，没有太多实际的意义。

3. 作为管道类型

在管道模块里，样式是用来区分不同的管道类型的，如下图所示。

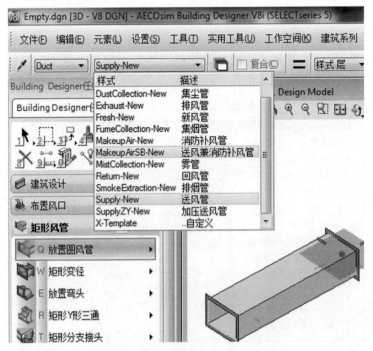

放置管道时，用样式区分管道类型

如果用户对 WorkSpace 有所了解，在 Dataset 目录下的 DataSet. cfg 文件里，有设定默认的管道类型设置，如下图所示。

布置管道时，默认样式设定

4. 作为基本的属性赋予任何对象

使用 AECOsimBD 绘制任何对象时，都可以给对象赋予样式属性，就像图层、颜色等基本属性一样。从某种意义上讲，在AECOsimBD里，我们基本很少直接使用图层、颜色、线型等基本属性，而是通过样式来设定，因为给任何一个构件赋予样式属性时，这个对象就会沿袭样式的属性设定来控制图层、颜色、线宽、材质等基本属性，如下图所示。

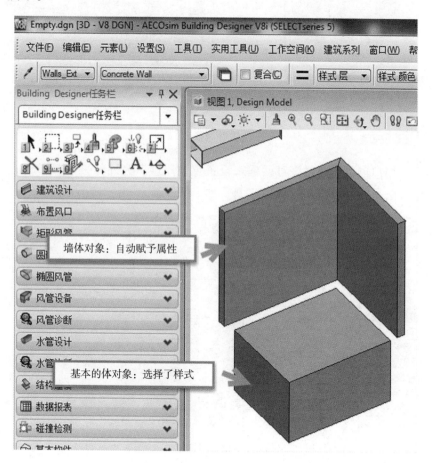

被赋予样式的基本体对象

提示：虽然用户给基本的体对象赋予了样式，但它不是一个 BIM 对象，只是个样子而已，当然用户也可以用初级 BIM 对象来理解。

用户可以通过构件的属性对话框来去除样式属性，如下图所示。

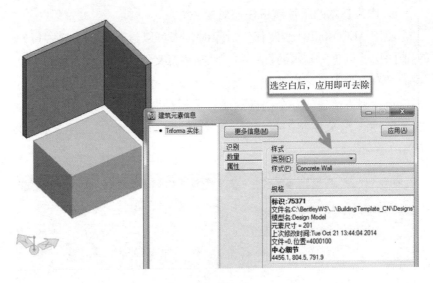

去除属性

　　用户也可以通过该对话框来设置更改属性。另外的一个赋予样式的方法是通过"应用样式"工具，如下图所示。

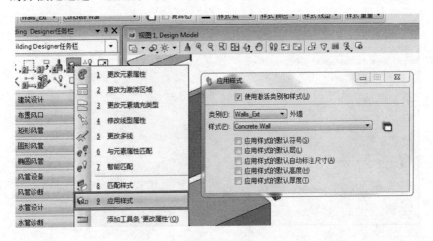

应用样式对话框

　　如果用户使用系统提供的基本构件工具创建基本模型时，用户还可以通过使用复合样式来形成多层的基本模型，如下图所示。这通常用来布置通用的对象，通过样式可以统计需要的工程量，系统就是用基本构件（Form）来表达墙体的。

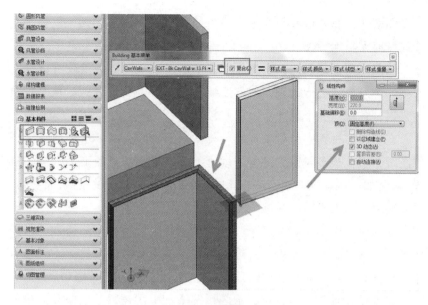

布置多层基本构件

如果是 Bentley 建筑软件的老用户就发现，原来这就是布置墙体的界面。

6.6.4 样式的定义

样式的定义过程，就是按照上面各个属性的含义来定义的，在这个过程中，有如下的原则需要注意：

（1）最好建立自己独立的文件来保存自己的样式定义，以便于将来系统升级、维护。

（2）文件名一定是英文的，不要使用中文给自己找麻烦。

（3）可以用文件分大类，用类别分小类，样式的名称最好用英文，描述为中文。

（4）图层在图层库文件里定义，在样式里引用，线型等采用随层属性。这样做的好处在于，可以通过控制图层库文件里的定义来控制样式。

6.7 切图规则的控制

所谓的规则就是通过某种方式处理某种对象，让它符合我们希望的样式。虽然这样说有些抽象，但事实就是如此。例如，交通规则，将企图横冲直撞的行人与车辆变得各行其道，懂得了规则，就懂得了如何畅通无阻地行驶。

切图规则也是如此，它的作用就是通过系统内置的处理方式来对三维的信息模型进行处理，使其变成一种二维的表达方式。从某种角度来讲，它就像一个翻译器，官方名称为"再符号化"（Resymbol）。

在切图的过程中，对象本身的样式（Part）决定了它如何输出二维图纸，但在很多时候，这些还远远不够，需要在此基础上进行"翻译"。例如，将一根三维管道翻译成一个没有任何体积的直线，将对象的属性表达出来以便于在二维图纸上便于识别，等等。

从理论上讲，我们可以通过切图规则得到任何我们想得到的二维图纸。但从另一个角度讲，三维设计和二维设计有共同之处，但也有很大的差异，需要评判这样做是否有意义。

二维设计是在表达方式欠缺的情况下，采用逻辑、抽象和简单的方式来表达工程设计，人们能够看懂，需要使用各种规范、制图规则等"翻译器"才可以看懂图纸。

而三维设计是面向对象的设计，它的目的是直观地表达设计，而不需要太多的"翻译器"来影响交流的效率。这个时候再去盲目地"抽象"，将是一个费时费力，而且没有任何必要的过程。

切图规则在使用过程中，需要先通过某种过滤条件来选出一组对象，然后再选择一种切图规则，如下图所示。

切图规则的使用

当然，有时在设置切图规则时，规则本身就设定了该规则适用于何种对象。这种情况下就不需要用户进行特殊设置了。

有时也会根据不同的切图方向来设定某种特定类型的切图规则，以适应不同方向的切图表达需求，如下图所示。

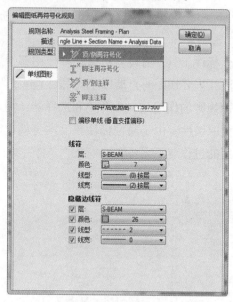

切图规则的方向特性

为了便于调用，你在设置切图规则时，从名称上就应该有所区分，以便于调用。

6.7.1　建筑专业切图规则

建筑专业的切图规则，目的是从对象的身上提取对象的属性，然后标注出来。因为对于建筑对象而言，更多的是表达工程的实际，即对象的实际空间大小和尺寸，然后通过属性表明它是什么。从这点上讲，在以往的二维设计中，建筑专业除了门窗、房屋设施采用一些简化的画法外，在很大程度上，表达方式与三维设计的二维视图相似。

建筑专业的切图规则是通过调用"属性标注单元"（DataGroup Annotation）来控制切图时自动标注对象的属性。属性标注的定义和使用在下面的内容里会介绍，它是通过设置来定义某种对象在切图时标注哪些属性。

在这里需要注意：

（1）属性标注定义单元，对应着特定的对象类型，因为它们要提取特定对象类型的属性。从墙体上提取流量是没有任何意义的。

（2）一种特定的对象类型，可以为其设置多个属性标注单元以供使用。可以通过不同的属性标注单元来提取不同的属性组合。

提示：属性标注定义单元可以提取多个属性，而不仅仅是一个属性。

如果采用属性标注工具，有设置可供选择使用哪个属性标注定义单元来手动进行标注，当要切图时自动标注就用到了建筑专业切图规则。

建筑专业切图规则的作用是一个开关和选择器，用来设置是否使用属性标注单元来提取属性。由于属性标注单元本身就设定了应用的对象类型，所以在调用的过程就不需要使用一个"条件"来过滤对象。

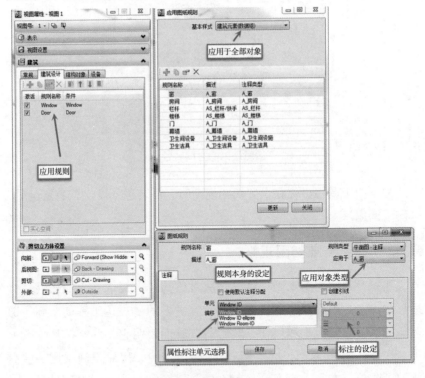

建筑切图规则设置过程

6.7.2 结构专业切图规则

结构专业切图规则调用与建筑专业的一样，无非就是过滤条件，然后应用规则，如下图所示。

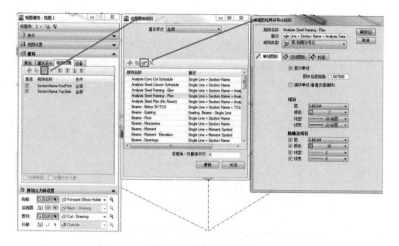

结构切图规则调用过程

AECOsimBD 对切图规则的管理，可以通过如下菜单调用。

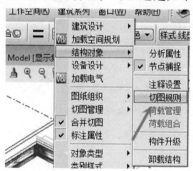

结构切图规则菜单

建筑切图规则管理

通过以上界面，可以新建、编辑、删除切图规则，当操作切图规则时，有如下界面。根据切图方向的不同，设置参数也不同。如果切图方向与对象方向相同，那么是单线、双线、属性的设置。如果是一个垂直于对象的"切面",那么,切图规则就控制"切面"的显示,或者是否用一个单元(Cell)来代替切面的图纸表达。

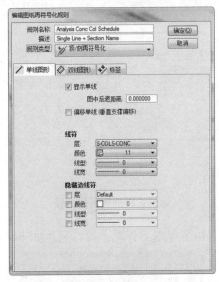

顶视图单线设置属性

提示:对象本身的样式(Part)属性,控制了二维表达,而切图规则又做了翻译,那么切图规则的优先级高。

具体的参数,在此不一一讲解,你是高级的使用者或者管理员,所以这些都不是问题。

双线的表达

在双线表达里，要设定双线表达的位置和长度。

提示：单线和双线可以同时表达，甚至表达出类似二极管的效果，如下图所示。

单双线同时表达方式

在双线表达里，用户也可以使用一个单元来表达对象，设置的界面如下。

使用单元再符号化

设定使用的单元名称，这个单元系统应该在 Cell 的目录里可以找到。

提示：是单元的名称，而非单元库的名称。

标签的设定

标签的设定其实就是提取构件的属性，然后标注出来，如上图所示。设置完毕后就可以在切图的时候自动提取属性，然后控制图纸的表达。

如果是控制切面的切图规则，那么，具体参数设置如下。

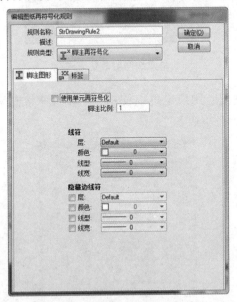

切面切图规则设置

对于其他类型的切图规则设置与之相似，在此不再一一介绍。

6.7.3 建筑设备专业切图规则

建筑设备的切图规则应用，与结构的切图规则应用非常相似，如下图所示。

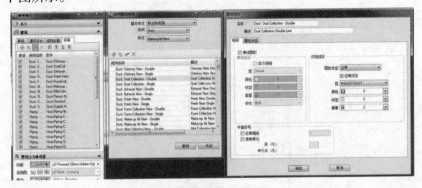

设备切图规则应用

在应用设备切图规则时会发现，更多的是采用样式（Part）来过滤出设备对象，然后赋予切图规则。前面介绍样式（Part）的应用时，已经知道，是用样式（Part）来区分不同的管道类型的。因此，应用切图规则时，也可以通过样式来过滤构件。

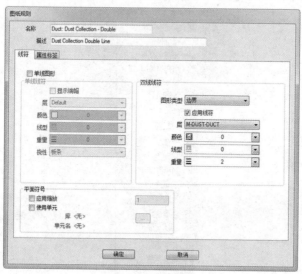

建筑设备切图规则

在建筑设备的切图规则里，设置比较简单，被分为了"线符"和"属性标签"两个选项卡。一个管道可以被切成单线、双线以及对法兰端部的图形表达，还可以是对属性的定制。

6.8　属性标注的定义与使用

无论是在三维模型中，还是在二维图纸里，用户都可以通过属性标注工具来提取构件的属性，进行标注。但更多时候，属性标注工具是在二维图纸里使用的。无论是三维模型还是二维图纸，都是信息模型的表达，这也是 BIM 的概念。

属性标注的原理是：定义一个属性标注单元，提取构件属性，然后标注出来。所以，可以通过三个步骤来使用属性标注：

第一步，建立属性定义单元，可以为一类对象建立多个属性标注单元，来提取不同的属性标注组合。

第二步，通过设置来决定使用哪个属性标注单元。

第三步，通过属性标注工具，调用属性标注单元进行标注。

6.8.1 建立属性标注单元

通过如下方式来建立属性标注单元，系统是把这些特殊的单元存储在 WorkSpace 的 Cell 目录下，名为"Annotation_DG. cel"的文件里。

属性符号

当启动该命令时，系统其实是打开了这个 Cell 文件。已经存在的 Cell 单元都是与某类对象关联的，用户是不可以更改类型的，如下图所示。

已有的属性标注单元

　　用户可以选择属性，然后设置长度和格式后，通过"放置文本"的按钮来放置属性，如下图所示。

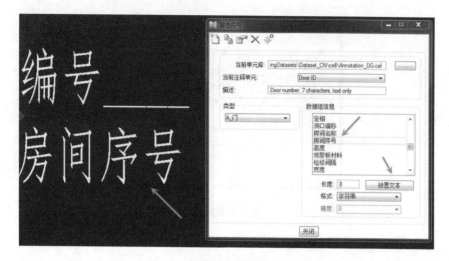

放置新的属性

　　用户也可以为某种类型新建一个属性标注定义单元，以供使用，如下图所示。

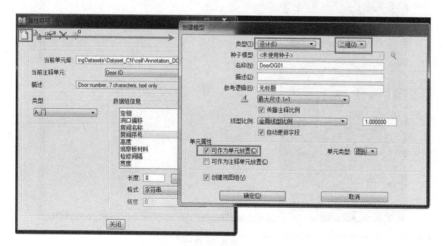

新建属性标注定义单元

　　在设置的对话框里，需要注意一些选项的设置，如上图所示。在新建一个属性标注单元时，用户可以选择这个属性标注单元对应的对象类型，如下图所示。

选择对象类型

如果想标注"高度×宽度"而且外面加一个方框，那么，高度和宽度就是属性，方框和符号"×"就是我们另外附加的。我们加入取宽度和高度都是两位数，结果如下图所示。

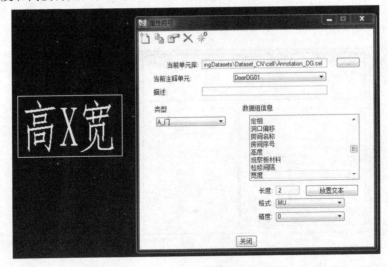

放置高度和宽度

用户还可以设置放置的原点，工具栏上有相应的命令，设置完毕后，点击管理，系统则推出当前文件。

提示：虽然这是一个 Cell 文件，但不要用通用的 Cell 工具来放置字符，那样系统是无法识别的。

至此，我们就为门这种对象类型，新建了一个属性标注单元。

6. 8. 2   设置属性标注单元

前面讲过，可以为某种特定类型的对象设置多个属性标注单元，标注时，使用哪个进行标注，则是通过"标注设置"来指定。

标注设置命令

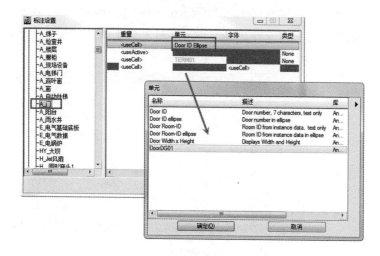

属性单元选择

用户还可以在这里设置标注的样式，或者沿用原来放置属性时的设置。至此，就完成设置了。

6.8.3 使用属性标注单元

使用属性标注工具的过程，就是工具使用的过程。无论是在三维模型还是在二维图纸上，属性都可以被自动标注出来。

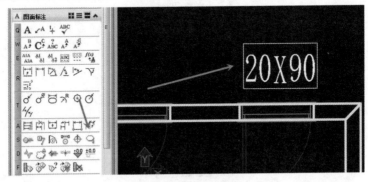

属性标注符号的使用

6.9 标注符号的定义

除了属性标注，系统还提供了一系列的属性标注工具，如指北针、剖短线等，这些符号都是被系统调用的单元。

单元名称：Annotation. cel

存放路径：\ WorkSpace \ BuildingDatasets \ Dataset_CN \ cell

设置的方法：首先打开 Annotation. cel 文件，便会发现里面有很多的 Cell。

用于标注的符号

用户可以对这些符号进行定制，也可以新建符号。

提示：有些标注符号是由几部分组成的，在设置和制作时，也是分别设置的。

标注符号设置完毕后，也是使用"属性标注"的设置工具来控制的，如下图所示。

注释标注符号设置

从上图设置中可以发现，对于一个复杂的标注符号，是由几部分分开控制的，每一部分都是由单元控制的。

选择单元时，是从所有的 Cell 里选择，而没有特定的对应关系。

设置标注单元

而至于为何到这个文件里去读取，而不读其他的，其实是由变量控制的，这个变量设置，如下所示：

TFANNOTATION_CELL_LIBFILE = $ （TFDIR）cell/annotation.cel

6.10 文字、标注样式的定义

对于文字样式和标注样式的控制，具体设置的细节在此不再赘述，我们主要是从原理的角度来说明。

这些资源作为标准可以放置在种子文件中，但这样就会造成大量的数据冗余，所以，我们把这些资源放置在"库"中，映射到当前的文件。也就是说，在某个工作环境下看到的文字样式、标注样式以及图层，都不是存储在当前文件里的，而是映射过来的，如下图所示。

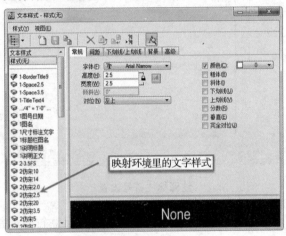

文字样式的映射

一旦使用了某种文字样式，该文件样式才会"拷贝"到当前文件，如下图所示。

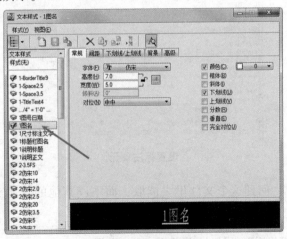

被使用的文字样式

有些情况下，更改了被保存到当前文件的文字样式，这时就出现了当前文件和工作环境里的样式的名字相同，但是设置不同。在这种情况下，样式前面有个三角的标志。系统也会有同步更新的选项，将服务器上的样式设置更新到本地。

本地样式与工作环境不同

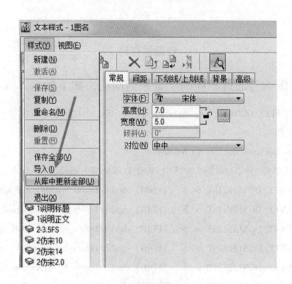

更新的选项

样式是被保存在工作环境的 Dgnlib 目录下的 Dgnlib 文件，在这个目录下，所有 Dgnlib 文件里的文字样式都会被搜索。这也是我们需要特别注意的，不要在所有的文件里建立不需要的样式。

在中文环境下，是用文件"TextDimStyles_CN. dgnlib"来保存，其实名称不重要，因为系统是通过如下变量来指向：

MS_DGNLIBLIST   > $ （TFDIR）dgnlib/TextDimStyles * . dgnlib

你会发现，很多资源都是利用这个变量来指向的，所以操作Dgnlib目录的文件时，一定要将资源划分清楚。

6.11　显示样式、图层、线型、切图的定义

这些资源的内容都是放置在 Dgnlib 的目录下，如下图所示。

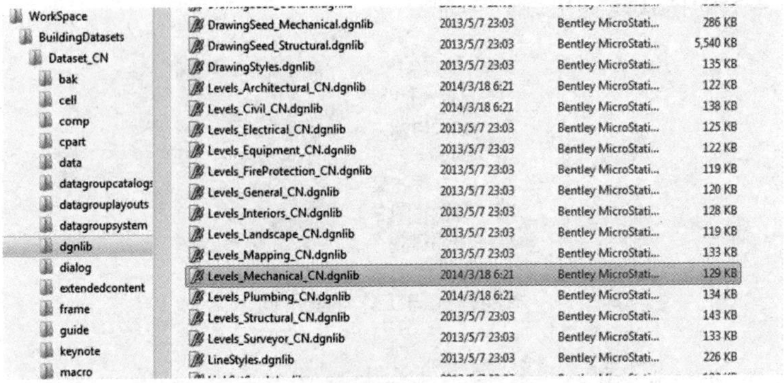

资源的存储

这些资源都是通过不同的变量来指向的，如下所示：

\# BB_LEVEL_DGNLIBLIST：Appends the location and the name of the DGN libraries for Building

 \# comment out those that are not required

 \# BB_LEVEL_DGNLIBLIST > $（PROJ_DATASET）dgnlib/Levels_ * . dgnlib

 BB_LEVEL_DGNLIBLIST > $（TFDIR）dgnlib/Levels_Architectural_CN. dgnlib

 BB_LEVEL_DGNLIBLIST > $（TFDIR）dgnlib/Levels_Civil_CN. dgnlib

 BB_LEVEL_DGNLIBLIST > $（TFDIR）dgnlib/Levels_Electrical_CN. dgnlib

 BB_LEVEL_DGNLIBLIST > $（TFDIR）dgnlib/Levels_Equipment_CN. dgnlib

 BB_LEVEL_DGNLIBLIST > $（TFDIR）dgnlib/Levels_FireProtection_CN. dgnlib

 BB_LEVEL_DGNLIBLIST > $（TFDIR）dgnlib/Levels_General_CN. dgnlib

 BB_LEVEL_DGNLIBLIST > $（TFDIR）dgnlib/Levels_Interiors_CN. dgnlib

 BB_LEVEL_DGNLIBLIST > $（TFDIR）dgnlib/Levels_Landscape_CN. dgnlib

 BB_LEVEL_DGNLIBLIST > $（TFDIR）dgnlib/Levels_Mechanical_CN. dgnlib

 BB_LEVEL_DGNLIBLIST > $（TFDIR）dgnlib/Levels_Plumbing_CN. dgnlib

 BB_LEVEL_DGNLIBLIST > $（TFDIR）dgnlib/Levels_Structural_CN. dgnlib

 BB_LEVEL_DGNLIBLIST > $（TFDIR）dgnlib/Levels_Surveyor_CN. dgnlib

 BB_LEVEL_DGNLIBLIST > $（TFDIR）dgnlib/Levels_Plumbing_CN. dgnlib

所以，讲到这里，你会明白，仔细读一下 PCF 文件就可以知道为什么是这样的，如何来控制自己想要的结果。

7 软件界面定义流程

7.1 界面包含的内容

什么是软件的界面（User Interface）？它几乎涵盖了所有用户操作软件的方式：菜单、工具栏、任务栏、右键菜单等。用户通过这些界面元素与软件进行交互，软件根据用户的输入进行运算操作，并反馈一个结果给用户。

在各种界面元素里，其核心内容为：当用户操作某个界面元素时，其实是启动了某个命令行，然后软件根据命令行产生了某些操作。换句话说，所有的软件行为都是由命令行来驱动的。

在 AECOsimBD 或者 MicroStation 中，都有一个"命令行"工具，这就是用来输入最原始命令的，如下图所示。

启动命令行

例如，用户打开参考的对话框，点击了按钮，这个按钮其实是执行了如下命令行：

dialog reference open

用户在命令行里输入上述命令，也可以执行相同的操作。

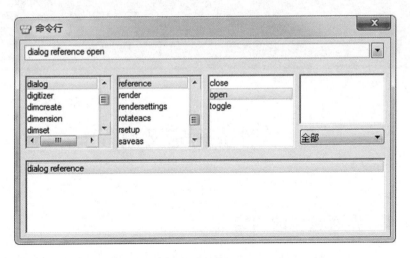

执行命令行

因此，软件在开发时，首先定义了功能程序，然后定义了一个命令行（Command Line）来启动这段程序，最后定义一个按钮或者菜单项来执行这个命令行。

通过"工作空间–自定义"菜单，可以编辑、操作界面元素。

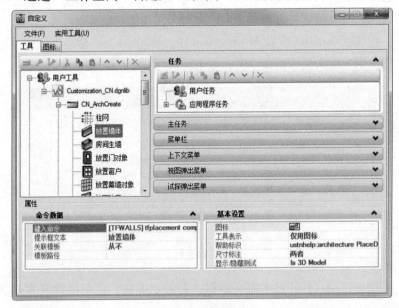

界面定义菜单

用户在操作一个命令时，既可以采用菜单，也可以通过工具栏，还可以通过任务栏。这些不同的方式是有层次关系的。

工具栏是最基本的命令组织方式

在 AECOsimBD 中，首先是工具栏的定义，在工具栏里定义了包含哪些命令，每个命令执行的命令行。

菜单、任务栏、右键菜单是对工具栏中命令的调用和组合

在完成一项任务时，需要一些命令的组合，这也就是任务栏的含义。当然，如果一个复杂的工作流程，又被区分为不同的任务，这也就是工作流（WorkFlow）的概念。

当然，用户在操作某些界面元素（如菜单）时，也可以临时加入命令行，而无须提前在工具栏里定义。

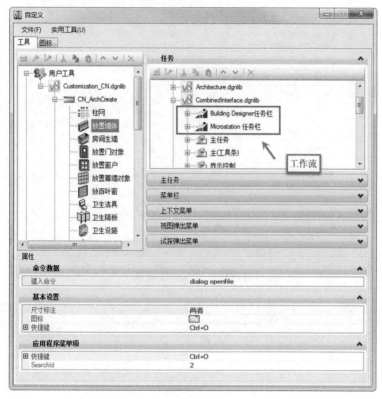

工作流的概念

在上面的界面中，左边是定义的基本工具，右边是不同场合下对基本工具的组织。

7.2　界面的存储文件及配置

在启动"自定义"命令时，无论是左边的工具，还是右边的任务栏、菜单等，都是存放在不同的 Dgnlib 文件里的。从技术细节上讲，可以把所有的界面元素放置在同一个 Dgnlib 文件里，但是为了便于维护，我们还是倾向于将不同的界面元素放置在不同的 Dgnlib 文件里，然后进行调用。有时，我们甚至会为某个特殊的项目设置特殊的界面，那就需要搜索特定的 Dgnlib 文件即可。

存储界面的 Dgnlib 文件

后台存储的文件

这些界面其实是存储在系统特定的目录下，不同专业的界面元素都是分文件存储的，这些文件被变量搜索到，这个变量就是：

MS_GUIDGNLIBLIST

当使用 Bentley Configration Explorer 来浏览这个变量时，可以发现它的定义。

界面变量的定义

在 AECOsimBD 的中文环境里，在工具栏里可以看到很多我自己定义的工具，如下图所示。这就是因为，我创建了这些工具，然后把这些工具的定义放置在 Dgnlib 文件里，让系统搜索到。我可不想直接修改系统的 Dgnlib 文件，以给将来的升级找麻烦。

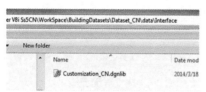

带有 CN 开头的自定义工具栏

我在项目的配置文件里，加了一条语句，来搜索这个 Dgnlib 文件即可。

存储的文件

```
#= = = = = = = = = = = = = = = = = = = = = = = = = = = = =
# Interface customization
# Note：search the GUI dgnlib file for user customization
#= = = = = = = = = = = = = = = = = = = = = = = = = = = = =
    MS_GUIDGNLIBLIST  >    $（TFDIR）data/Interface/ * . dgnlib
```

7.3 界面的定义

明白了上述的原理，定义的过程将是个很容易的过程。

先新建一个 Dgnlib 文件，存储界面元素。我强烈建议这样做，而不要更改系统的文件。

提示：Dgnlib 和 Dgn 文件是一样的，只不过扩展名不同，保存时，直接输入Dgnlib即可。

新建完毕后，最好重新启动，以让系统能够重新搜索到。

提示：要在这个文件里建立界面，需要打开这个文件。用户可以直接打开这个文件，也可以在自定义界面的文件列表里打开这个文件。

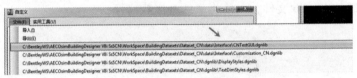

打开 Dgnlib 文件

打开这个文件后，会发现可以在 Dgnlib 文件里建立界面元素。

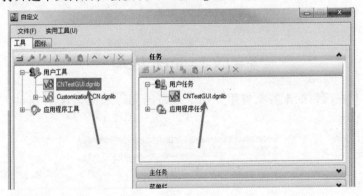

建立界面元素

这时，用来新建工具或者工具栏的工具是亮显的。用户可以新建工具栏，在工具栏列表里也可以看到，还可以复制已有工具栏里的工

具，添加到当前工具栏里。从这个意义上讲，工具栏也是命令的一种
有效的组织方式。

新建工具

在新建工具的界面里，各个选项意义如下。

（1）键入命令：这是核心，是命令执行的指令。

（2）提示框文本：这是鼠标悬停时的提示文字。

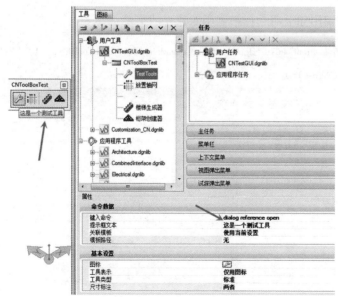

悬停文字设置

（3）图标：可以点击浏览按钮去选择一个 BMP 的位图文件，也可以是存储在本 Dgnlib 文件里的图标文件。

（4）尺寸标注：设置这个工具是在 2D 的使用环境还是 3D 的使用环境，如果定义的是 2D 使用环境下的工具，那么在 3D 使用环境下，它就不显示了。

当工具建立好后，就可以通过工具栏来调用。按照相同的道理，用户可以建立自己的任务栏。需要注意的是，任务栏是通过名称来调用的。例如，我们通过 AECOsimBD 的菜单"工具 – Building Designer 任务栏"来调用任务栏。通过查看这个菜单的定义，你发现，系统其实是执行了如下命令行：

"mdl silentload Bentley. TaskNavigation. dll，TaskToolBox；TASKTOOLBOX OPEN \ Building Designer 任务栏"

而其中的"Building Designer 任务栏"就是存储在 Dgnlib 文件里的一个任务栏的定义名称，如右图所示。

任务栏定义

用户也可以对任务栏的架构进行组织，然后从左侧拖动相应的命令到相应的分支下；也可以调用如下命令行来调用新建立的菜单：

mdl silentload Bentley. TaskNavigation. dll，TaskToolBox；TASKTOOLBOX OPEN \ CNTaskTest

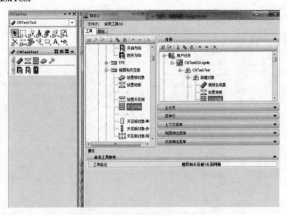

新建任务栏

当然，用户也可以新建一个菜单条，然后建立一个命令来让这个任务栏启用。

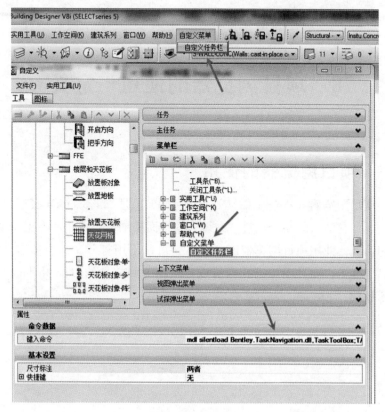

自定义菜单项来调用任务栏

通过上述操作可知，我们完全可以根据自己项目的需求，重新组织界面，而且界面可以分项目、分专业进行组织，这样的原理完全是因为通过控制变量的指向来控制不同的界面资源，而变量是放置在不同的资源文件 Dgnlib 文件里。

上述是界面控制的基本原理，我相信，明白了这个流程，就可以分层次地组织自己的界面资源了。

8 项目浏览器的使用与定义

8.1 项目浏览器的使用

项目浏览器（Project Explorer，简称 PE）是 MicroStation 底层提供的功能，它的目的在于通过一个统一的界面来浏览、使用所有的资源。换句话说，使用项目浏览器时，基本就可以不用打开文件、参考文件的参考框了，而且项目浏览器可以直接浏览到文件的内部 Model 以及视图级别。

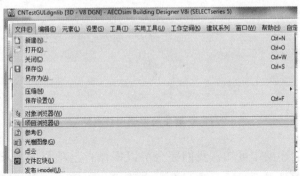

项目浏览器的调用

从核心上，项目浏览器是浏览本文件或者一个特定文件里的链接，这些链接连接到特定的目录下，然后对资源进行分类筛选、过滤、分类汇总。

使用文件资源

对于文件资源，可以打开保存在特定文件的链接集，这些特定的文件是由特定的变量来指向的，在项目配置文件里，可以找到相应的定义。

```
#===============================
# Project Explorer：
#===============================
    # BB_PROJECTEXPLORER_LIBRARY_DIRECTORY：Specifies the location of
the Project Explorer Library Folder
    BB_PROJECTEXPLORER_LIBRARY_DIRECTORY = $（PROJ_DATASET）
dgnlib/
    # BB_PROJECTEXPLORER_LIBRARY_FILE：Specifies the dgnlib to be used by
the Project Explorer Assistant for tracking file changes
    BB_PROJECTEXPLORER_LIBRARY_FILE = $（BB_PROJECTEXPLORER_
LIBRARY_DIRECTORY）MasterProject. dgnlib
```

通过上述配置，不难发现，这其实就是存储链接的定义。

通过项目浏览器浏览文件资源

由上图可见，用户可以浏览文件内部的 Model 的参考级别，若想打开某个文件，直接双击即可；若想参考某个文件的某个 Model，直接拖动到参考的对话框即可。这就大大提高了文件操作的效率，特别是在 ProjectWise 的工作模式下。

在 AECOsimBD 默认的中文环境下，我对项目浏览器做了某些定制，使你可以指定本地或者 ProjectWise 的地址来浏览文件，而无须使用传统的文件操作。当然，若想浏览 ProjectWise 的资源，需要保证 AECOsimBD 已经与 ProjectWise 进行了集成，同时具有相应的权限。

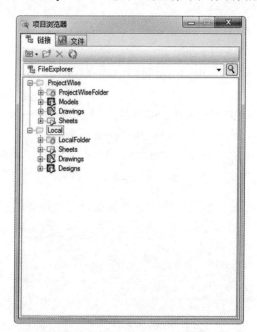

中文环境里定义的文件浏览 FileExplorer

在项目的配置文件里，我也定义了两个变量，只需制定这两个位置，项目浏览器就会搜索特定的文件资源。

```
#= = = = = = = = = = = = = = = = = = = = = = = = = = = = = =
# Project explorer configration
#
# Note：set variable for project explorer search path（local and projectwise）
#= = = = = = = = = = = = = = = = = = = = = = = = = = = = = =
   Local_WorkDir   =   C：'
   Local_WorkDir   >   D：'
   Local_WorkDir   >   E：'
  #Local_WorkDir   >   F：'
#   ProjectWise_WorkDir   =   pw：\\\
```

提示：在引用 ProjectWise 的地址时，请注意前面是三个反斜杠"PW：\\\"，本地地址以"/"结束。

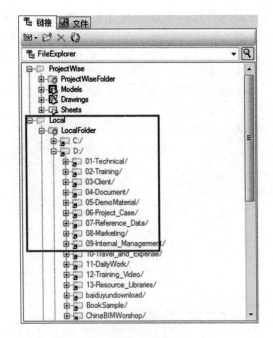

本地资源浏览

系统也预置了很多的链接集（LinkSet）供用户使用，如下图所示。

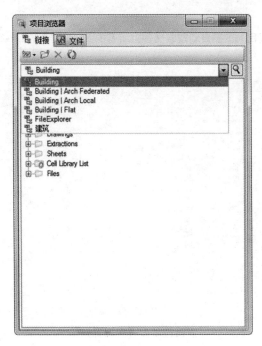

系统预置的链接集

此外，项目浏览器具有集成的功能。换句话说，它可以将不同 Dgn 文件里的 Model 根据类型集成在一起，这对于一些批量操作的过程是很有用的。

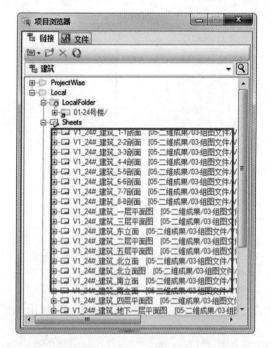

项目浏览器自动搜索文件里所有的 Sheet 类型的 Model

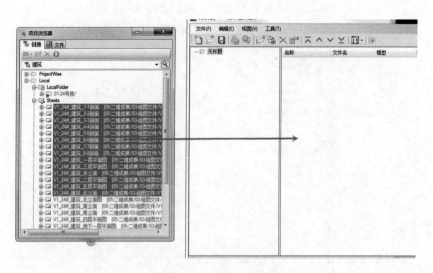

直接拖动即可实现批打印

通过"文件"选项卡，也可以浏览本文件的资源，如下图所示。

本文件的资源

通过浏览不同的存储位置，可以查看不同的链接。只有打开那个
存储的位置，才可以编辑链接集。

链接集（LinkSet）保存的位置

在上面的内容里，我们已经大概介绍了项目浏览器的使用，它的
原理就是保存了一组链接，对于这些链接的使用方式，一是用来浏览，
二是可以将链接添加给不同的元素，这其实也相当于给元素进行超链

接（HyperLink，这原本是互联网的概念）。Bentley 有个"超模型
（HyperModel）"的概念，而项目浏览器就是实现"超模型（Hyper-
Model）"的一种有效方式。

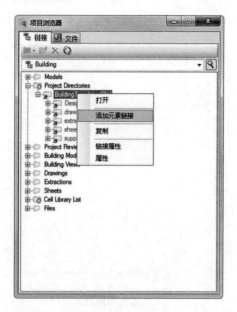

把链接赋予元素

8.2 项目浏览器的定义

明确了上述使用，定义的过程也就比较方便。

8.2.1 变量及存储文件

"BB_PROJECTEXPLORER_LIBRARY_DIRECTORY"指明了目录。
"BB_PROJECTEXPLORER_LIBRARY_FILE"指明了文件。

实际上，两个变量是配合使用的，如下所示，这也是变量之间的
相互调用：

BB_PROJECTEXPLORER_LIBRARY_DIRECTORY = $（PROJ_DATASET）
dgnlib/

BB_PROJECTEXPLORER_LIBRARY_FILE = $（BB_PROJECTEXPLORER_LI-
BRARY_DIRECTORY）MasterProject. dgnlib

同时，系统也会接受 MS_DGNLIBLIST 中的命令，如下图所示。这
也和前面所讲的原则保持一致：**不同的资源放置在不同的文件里**。

搜索 MS_DGNLIBLIST 变量

8. 2. 2 操作过程

　　打开已经搜索到的 Dgnlib 文件
或者新建的 Dgnlib 文件后，就可以
在这些文件里建立链接，在这里有两
个概念，即链接（Link）和链接集
（Linkset）。其实很容易理解，链接
集是链接的组合，它像一个"目录"
对链接进行分类，以便使用。

　　链接（Link）才是最重要的概
念。它具有不同的类型，可以放置
在任何构件上。

新建链接集

　　链接分为不同的类型，以应对不同的资源，每种资源有时还带有
过滤器。

不同的链接类型

文件链接、文件夹链接很好理解，它指向了一个文件或者一个位置。键入链接是链接了一个命令行（Keyin），可以执行某个操作，这其实是功能很强大的操作，例如，将物体的操作放在物体上。

URL 链接是链接到某个网址，链接集链接是链接到一个链接集上，也不需要太多的解释。

下面对"配置变量链接"进行说明，点击时，出现如下对话框。

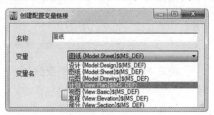

配置变量链接建立

系统预置了很多的配置变量链接，它可以自动按照预设的过滤器来过滤资源。

变量设定

用户也可以按照系统格式，采用自定义的方式，使用自己的变量和过滤器。

自定义变量

可见，变量是可以引用的，变量是可以自定义的，这其实也是我们前面工作空间定义的原则。

9 工作环境集中控制与管理

工作环境控制了在协同设计过程中的工作标准，为了实现工作标准的统一，就需要进行工作环境的集中管理与控制，根据方式的不同，分为了本地的共享方式和 ProjectWise 的托管方式。

9.1 基于本地的共享机制

9.1.1 使用方式

在没有与 ProjectWise 集成的情况下，或者虽然与 ProjectWise 集成了，但是打开的是本地的工作内容，这时就需要使用本地的工作环境。这时的工作模式如下图所示。

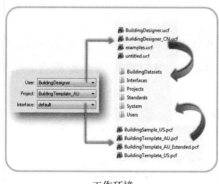

工作环境　　　　　　　　　　　　工作内容

本地工作模式

提示：在本地的工作模式下，启动程序时，需要选对用户和项目信息，这样系统才会启动相应用户和项目的配置文件，以便于系统正确配置工作环境。

9.1.2 让所有人用同一个工作环境

在本地的工作模式下，如果让所有人协同工作，可以采取的方式是将 WorkSpace 放置到一个共享目录下，然后每台计算机启动时指向这个 WorkSpace 即可，原理如下图所示。

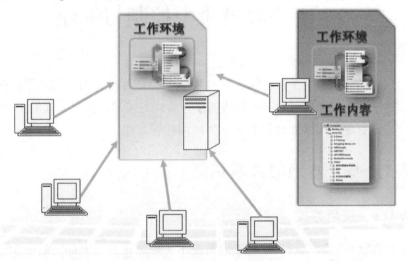

基于共享的 Workspace 共享模式

从操作上讲，可分为两步。

第一步：共享 WorkSpace。

拷贝 WorkSpace 到网络服务器上，设立共享，让局域网上的其他用户可以访问到，为了便于访问，也可以映射为本地磁盘，如下图所示。

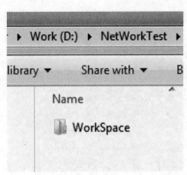

拷贝到网络地址

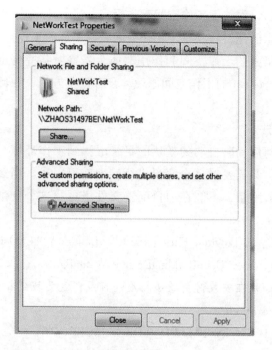

建立共享目录

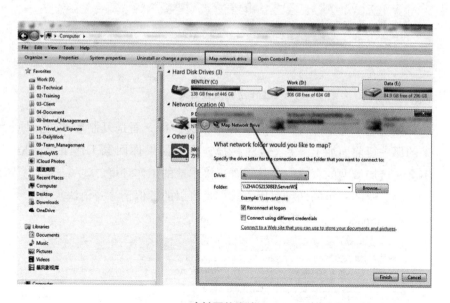

映射网络硬盘

　　这时，会通过网络地址"\ 计算机名称 \ 共享目录 \ WorkSpace"或者"X：\ WorkSpace"来访问共享的工作空间。

第二步，让网络上工作空间起作用

需要注意的是，在共享了工作空间时，本地的工作空间仍然存在，如果想让网络上的工作空间起作用，那么需要做某些变量的转向，如果熟悉 MicroStation 的工作空间原理，会有很多方法，在此我介绍其中的两种方法。

1. 变量法

系统为何启动时自动到默认的目录下找到工作环境，肯定是某个变量的作用，只需要对这个变量进行转向就可以了。当然，这个变量是底层的核心变量，不能在项目配置文件里再写这个变量，因为那样就没有意义了。

目录：C：\ Program Files（x86） \ Bentley \ AECOsimBuildingDesigner V8i Ss5 \ AECOsimBuildingDesigner \ config。

提示：如果在安装时更改了相应的目录，就要找到相应的目录。

文件：msdir. cfg。

变量：_USTN_INSTALLED_WORKSPACEROOT。

其实打开这个文件时，就会看到原始的定义，如下图所示。

工作空间位置定义

更改这个变量即可，但请不要删除这一行，而是复制后改写，原来的那一行前面加上"#"号注释掉，因为如果你回家工作了，你是不会连接局域网的，这时还是需要连接本地的工作环境。

如下两图所示的两种引用方式都是可以的，但请注意语法。

WorkSpace 前面是两个" \ "，后面是一个"/"。

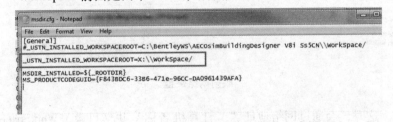

引用虚拟磁盘位置

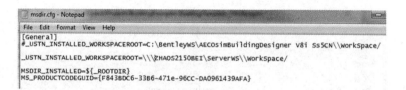

直接引用网络地址

引用网络地址时，需要注意，地址前是三个"\"，并注意正反。

2. 快捷方式法

变量法有个问题，当我们回家工作时，必须修改变量指向，因为系统只能识别一个位置，不可以自动进行切换。为了避免这样的切换，也可以通过新建快捷方式的方法，来引用网络的工作空间。也就是说，通过不同的快捷方式，访问不同的工作空间。

安装了 AECOsimBD 后，系统会形成多个图标，这分别是启动不同的应用模块，或者全部启动。以第一个图标为例，首先复制一个图标，末尾加上 NetWS，以区别于本地的使用图标。

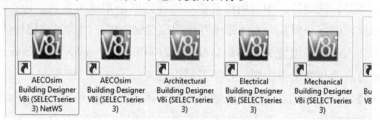

ABD 程序图标

在复制图标的右键属性里在目标（Target）"C:\Program Files（x86）\Bentley\AECOsimBuildingDesigner V8i \ AECOsim-BuildingDesigner \ AECOsimBuildingDesigner.exe"后面加上"–wrx:\WorkSpace\"，如右图所示。

这时，当 AECOsimBD 启动时，系统就会启动网络上的 WorkSpace，如下图所示。

修正 ABD 的 WorkSpace 路径

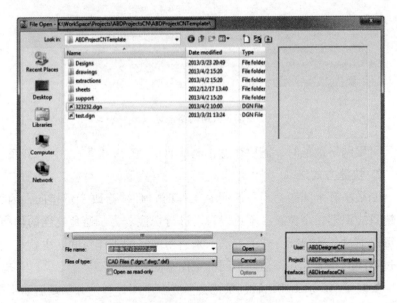

启动网络上的 WorkSpace

当然，快捷方式的引用位置也可以通过网络地址来实现，而不需要引用虚拟磁盘，但我个人还是推荐虚拟磁盘的方式，因为条理比较清晰。

加入的网络地址为 " – wr\\ZHAOS2150BEI\ServerWS\WorkSpace\"，请注意语法与变量里不同，并用引号引起来。

提示：这样的共享方式是基于局域网共享，无法解决异地、权限以及工作流程的问题。最良性的方式是将工作空间托管到 ProjectWise 上。

9.1.3 维护过程

如果你是系统管理员，需要考量在局域网联机的状态和脱机的状态。在联机状态下，是用局域网的，在脱机状态下是用本机的，为了保证两种状态下工作环境的一致，你需要做的是：

（1）制定制度，不允许工程师使用自己定义的工作环境，如果他有需求，可以提给有权限的人。

（2）如果工程师脱机工作，需要拷贝一份局域网上最新的工作环境到本地来。

（3）局域网有更新时，需要通知各位工程师。

（4）局域网上应该设定不同的读写权限，不能让所有人都可以更改。

9.2 基于 ProjectWise 的托管

9.2.1 使用方式

当应用程序与 ProjectWise 集成的时候，启动应用程序时，系统会提示输入用户信息，如右图所示。

ProjectWise 登录框

这时，我们面对的情况有两种。

第一种情况：ProjectWise 没有设置工作环境，这种情况是用本地的工作环境打开 ProjectWise 上的工作内容，原理如下图所示。

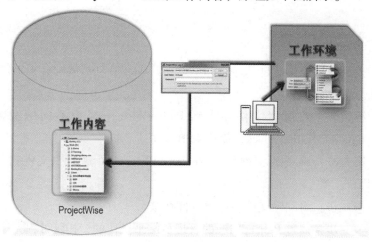

使用本地的工作环境

在这种情况下，需要设置本地 ProjectWise 的配置文件，选择本地的用户环境。我们需要修改 ProjectWise 安装目录下的 Bin\MCM. USER. CFG 文件。将里面的 "_MCM_PROMPTFORWORKSPACE = 1" 前面的#号去除，系统就会让我们选择本地的工作环境了。

第二种情况：ProjectWise 设置了工作环境，这时，对于本地的工作环境来讲，不需要做任何设置，打开 ProjectWise 上的工作内容，系统自动将工作环境也缓存到本地，ProjectWise 上的工作环境更新时，本地也会同步更新，原理如下图所示。

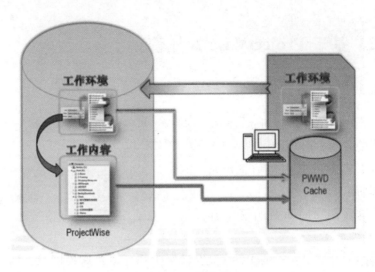

ProjectWise 托管模式

9.2.2 托管过程

托管的过程是通过 ProjectWise 的客户端和管理员端配合来工作的，它从原理上分为三步。

第一步：将配置文件导入到 ProjectWise 上成为不同的配置块（Configration Setting Block，简称 CSB）。

第二步：将资源文件导入到 ProjectWise 上，这是个文件拷贝的过程。

第三步：将配置文件和资源文件挂接。

这三步是通过 ProjectWise 的管理员端来操作的，托管过程完毕后，再将这些 CBS 配置块赋予 ProjectWise 上的工作目录即可。这样当用户打开 ProjectWise 目录下的文件时，工作空间会缓存到本地的 ProjectWise 的缓存目录下。

提示：此处是 ProjectWise 的缓存目录，而不是本地工作空间的目录。

这是托管过程的原理，现在通过系统推荐的方法和简化方法来说明这个过程。对于系统推荐的方法，我认为对管理员要求比较高，维护过程比较麻烦。因此，我重新定义了托管过程，并且修正了项目的配置文件，以与这样的工作模式配合。两者的原理其实是一样的。

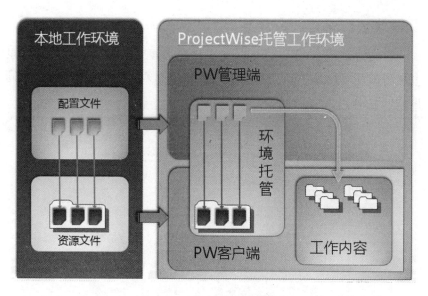

ProjectWie 托管及设置过程

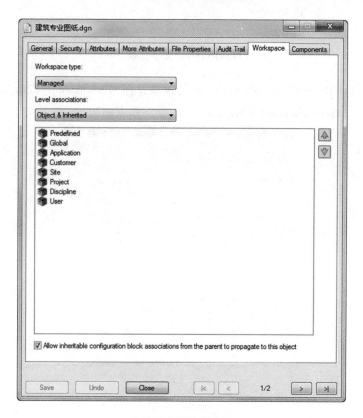

为目录赋予配置文件

9.2.2.1 系统预置的方法

首先通过 ProjectWise Explorer 客户端来建立工作空间存储的目录和项目的存储目录。工作空间的存储目录应该为不同的用户设置不同的访问权限。

ProjectWise 工作目录

启动 ProjectWise Administrator 管理端，在 WorkSpace 的右键菜单中选择"Import Managed Workspace"命令，如下图所示。

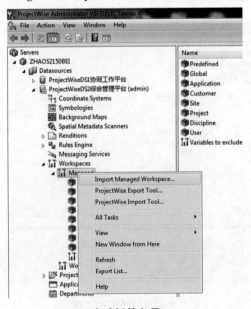

启动托管向导

在弹出的界面中，点击"下一步（Next）"按钮，出现如下对话框。这也是托管过程的三步。第二个和第三个选项都是导入资源文件，它们的区别在于第三个选项是导入某个特定的用户和项目。

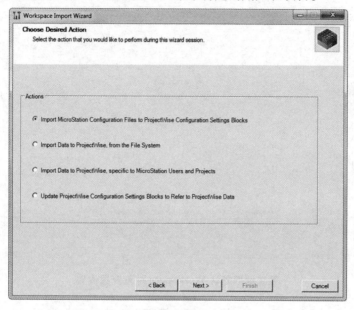

托管过程

第一步：导入配置文件到 ProjectWise 上。

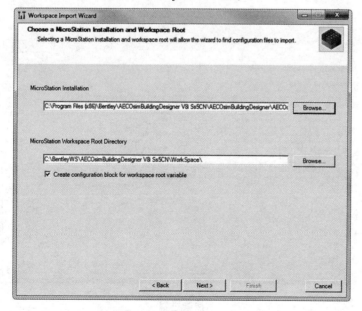

设定程序的位置及 WorkSpace 位置

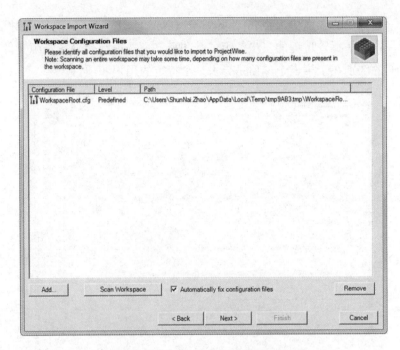

系统读取默认 WorkSpace 配置变量设置

点击"Scan WorkSpace"按钮,搜索相关的配置文件。

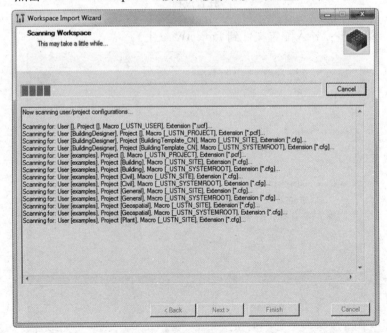

搜索过程

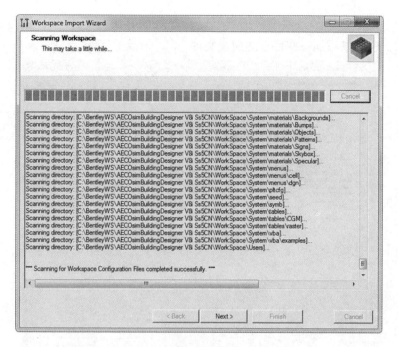

搜索完成

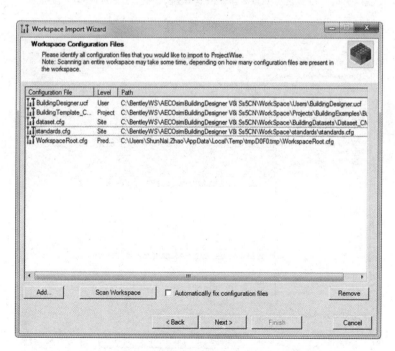

搜索到的配置文件

在上图所示界面中，用户可以对一些没有用的 CFG 文件进行删除，也可以添加一些特定的配置文件。

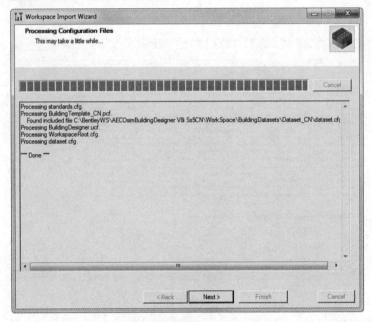

处理配置文件

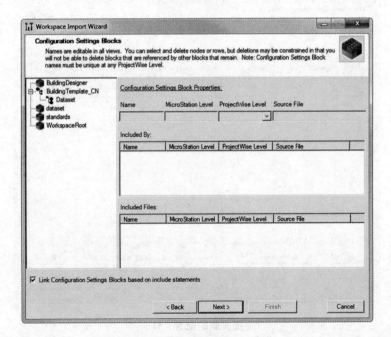

形成配置的块

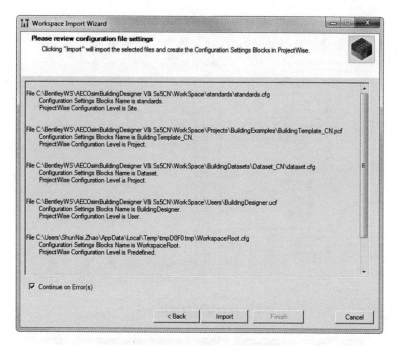

配置文件与 CBS 的对应层次关系

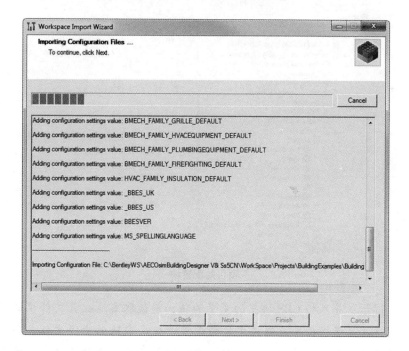

导入完毕

导入完毕后，可以看到相应层次下的 CBS 配置块。

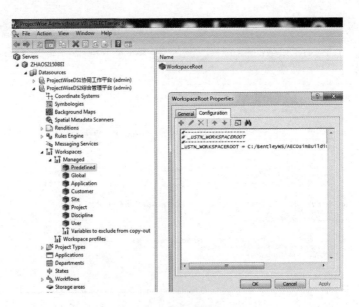

预定义的目录块

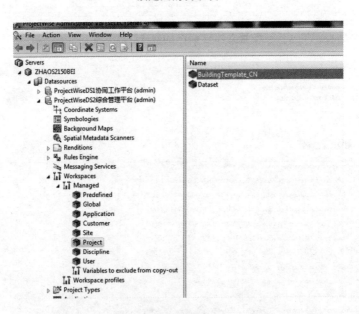

项目的配置块

提示：导入的 CBS 块里的变量的值，是读取本地配置文件里的设置，这些变量根据本地配置文件的设置是指向本地的资源文件，当这些设置被读取到 ProjectWise 上时，再指向本地就没有意义了，需要在第三步里更新为指向 ProjectWise 上的资源文件。

第二步：导入资源文件。

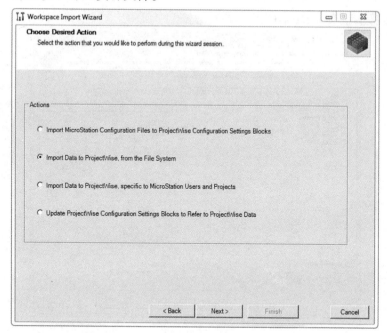

导入资源文件

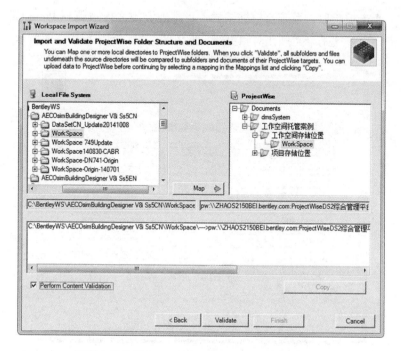

匹配本地位置与 ProjectWise 位置，执行内容校验

这个内容校验的过程在更新时也是适用的，内容校验后，系统会给出差异，如下图所示。

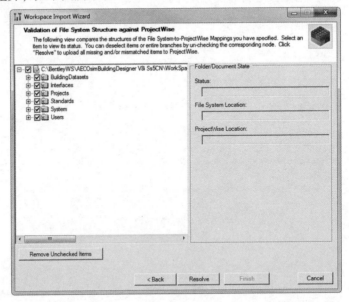

内容校验结果

点击校验后，系统会根据差异，将本地资源文件更新到 ProjectWise 服务器上。这是个文件比对和更新、上传的过程。完毕后如下图所示。

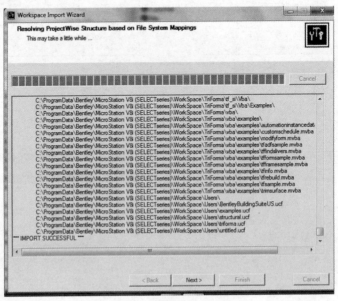

传输完毕

第三步：更新配置块 CBS 指向。

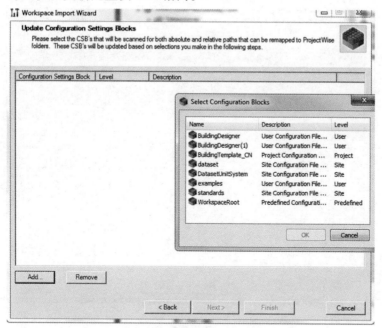

添加需要更新的配置块

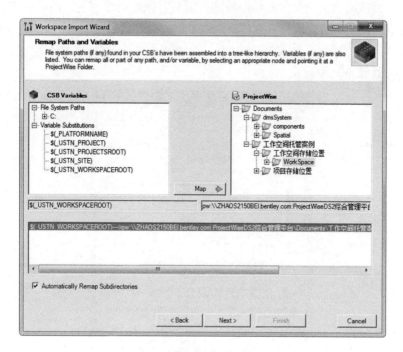

为变量指向新的位置

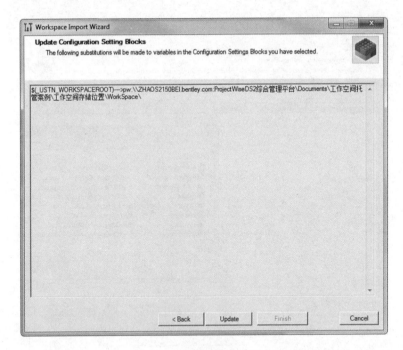

更新变量

就像前述的变量的葡萄串原理，需要首先搜索根变量，然后再重新搜索，最后再去匹配，直到所有的变量都指向有效的 ProjectWise 位置。

托管完毕后，在使用过程中，需要为某个目录制定多个配置块，以加载完整的配置。

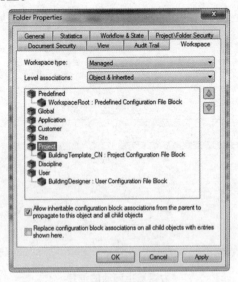

配置文件的使用

9.2.2.2　简化的托管方法

从上述过程可以看到，系统预置的方法是个相对复杂的过程，而且后期维护比较麻烦。为了避免这个过程，我建议采用如下简化的托管方法，采取的步骤如下。

第一步：利用 ProjectWise Explorer 客户端上传本地整个 WorkSpace 目录。

这是个文件上传的过程，上传完毕后，请使用参考及链接集搜索工具搜索整个目录，以使文件之间的链接及参考有效。

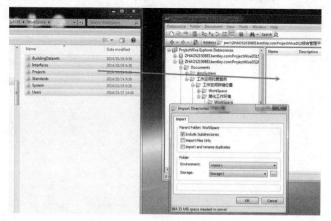

上传整个 WorkSpace 目录

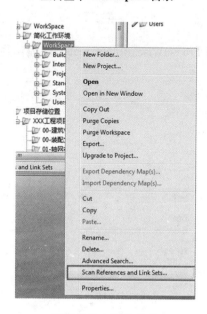

搜索文件之间的关联

其实，任何一组文件上传到 ProjectWise 服务器上，都需要重新搜索关联关系，这是个原则，具体的细节不做详述。

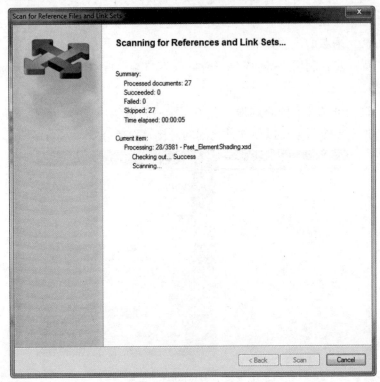

搜索过程

第二步：利用 ProjectWise Administrator 管理端为每个项目建立特定的配置块。

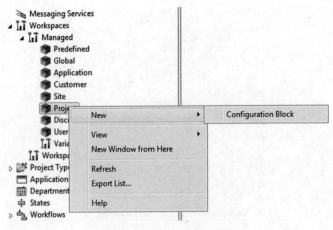

为特定的项目建立特定的配置块

设定配置块的名称及描述

我们采用的原理是，在这个配置块里，首先将 WorkSpace 的根目录转向到 ProjectWise 的 WorkSpace 目录，然后将控制项目环境的用户配置文件和项目配置文件包含进来即可。因为我们在本地时也是这个原理。

控制 WorkSpace 根目录的变量为"_USTN_WORKSPACEROOT"。

添加一个变量

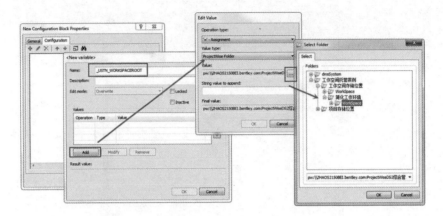

指向 **ProjectWise** 目录

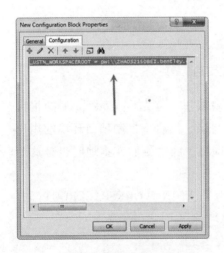

设置完毕后的结果

添加语句

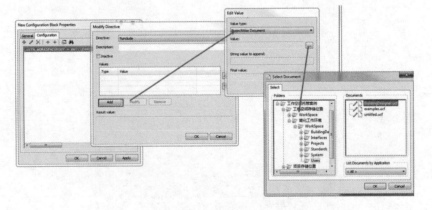

包含用户的配置文件

采用相同的步骤，包含项目的配置文件。

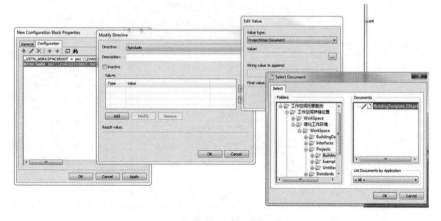

包含项目的配置文件

最后结果

这就是托管的过程，你会发现，这个过程比系统预置的简单得多。

第三步：赋予特定的项目目录。

赋予的过程也是极其简单的，只需要给特定的目录赋予一个项目的配置块即可，一个项目对应着一个配置的块，配置块里包含了配置的文件，配置的文件与本地相同，这就大大简化了托管和维护的过程。

赋予项目的目录

在赋予的过程中，不建议赋予项目的根目录，而是赋予某个专业的目录，因为，并不是所有的专业都是用 AECOsimBD。也就是说，托管的过程也应该分专业进行。

工作空间托管好，并且应用程序与 ProjectWise 集成后，当启动 AECOsimBD 时，会出现如下对话框，输入授权信息，然后打开赋予了工作空间配置快的目录文件。

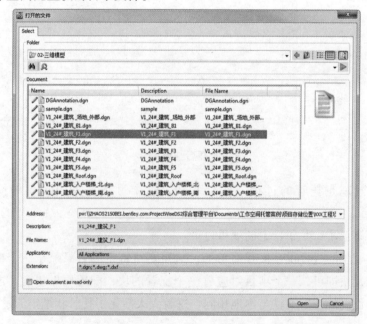

打开 ProjectWise 的文件

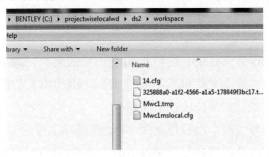

系统缓存 ProjectWise 的工作空间

这个过程在首次使用时会经历一段时间，后续只是个检测的过程。

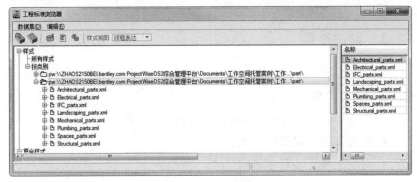

ProjectWise 缓存目录下的临时 WorkSpace

提示：这个过程不会影响本地的工作环境，即使把这个工作环境拷贝到本地的目录也无法使用，系统其实是在本地形成配置文件和资源文件。

加载服务器上的资源

我们再思考另外一个问题，如果是新建一个项目呢？这时，我们自然会考虑到新建一个配置块，然后再建立一个变量使工作空间转向，最后包含一个用户的配置文件和新建的项目配置文件。如果那样做，会发现系统仍然搜索原来的项目配置文件。

如果打开用户的配置文件，就会明白原因了。

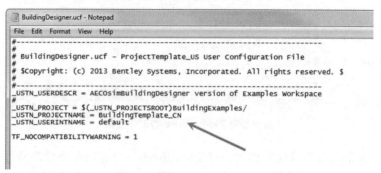

用户配置文件

在用户的配置文件里，已经指明了项目的名称，即使新建了一个项目配置文件，这个文件也是不起作用的，因为用户的配置文件仍然指向原来的目录。如何解决这个问题呢？

一种方法是为两个项目建立两个用户配置文件，分别引用。

另一种方法是将用户配置文件里的内容拷贝到项目的配置文件里，然后在项目的配置块里只包含项目的配置文件即可，而无须再包含用户的配置文件，因为用户配置文件里的语句已经被复制到项目配置文件里了。

这个过程我不再做讲解，也算是个作业，你自己可以琢磨一下，这是个很有意思的过程。

9.2.3 维护过程

工作环境是个动态变化的过程，作为管理员如何进行维护呢？我建议采用如下原则：

- 建立本地和 ProjectWise 服务器两套工作环境。
- 两套工作环境保持一致。
- 两套工作环境目录结构一致。
- 管理员在项目过程中维护。

提示：如果不同的项目要做区分，本地的项目配置文件和 ProjectWise 上的配置文件不同（增加了用户配置文件的内容）。

有了上述原则，维护过程如下：

（1）本地的环境让使用者在脱机状态下使用。

（2）如果有更新，先更新本地工作环境，无误后，将本地的环境共享给使用者，更新他们本地的环境，以供脱机使用。

提示：不要让用户拷贝 ProjectWise 上的工作目录，然后覆盖，因为连接关系不同，本地的是本地的，服务器上的是服务器上的，两者不可混用。

（3）使用本地的工作环境与 ProjectWise 服务器的工作环境进行比对。用户更改了环境，系统到底更改哪些文件，用户不用知道，系统会比对。这个过程使用服务器端的比对工具，这其实是系统预置托管方式的第二步，这是个很不错的工具。

提示：不要把本地的工作环境的项目文件更新到服务器上去。如果添加了用户配置文件的信息，选择"Update Server Copies"选项，然后点击"Resolve"按钮即可完成更新过程。

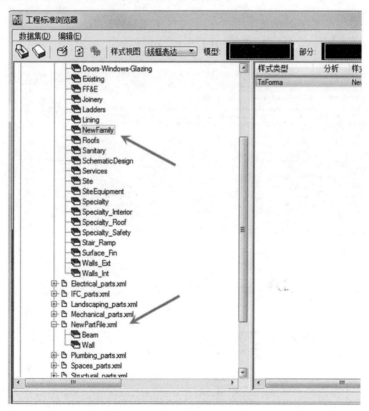

本地环境更新

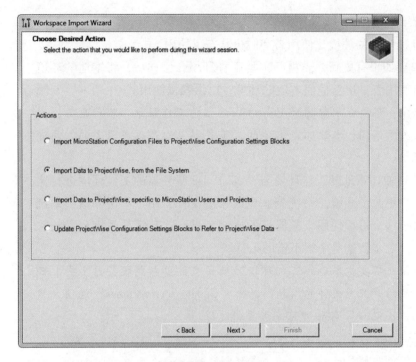

管理员端比对工具

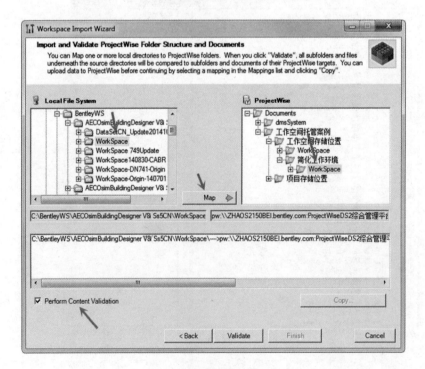

比对设定

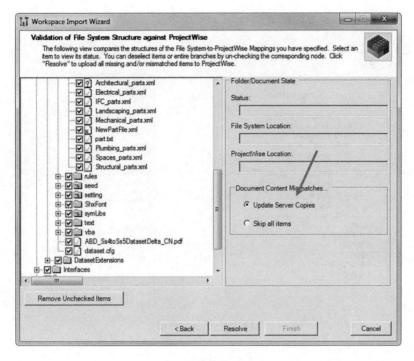

比对结果

使用者再次打开 ProjectWise 上的文件时，就可以使用最新的工作环境，在开始会有个更新过程的；也可以利用 ProjectWise 的消息机制，提前通知使用者。

自动更新过程

服务器上更新的环境

9.3 选择的方式

前面介绍了两种使工作环境统一的方法，即基于局域网共享和基于 ProjectWise 托管。ProjectWise 托管的方式貌似是一种"更高级"的方式，但面对这两种方式，我们如何选择呢？我的建议是根据需求来选择，如果没有跨地域的需求，我个人建议你采用共享的方式，因为它绕过了 ProjectWise 服务器每次的检测机制，在 ProjectWise 的最新版本里，虽然速度已经很快，但仍然需要检测的过程。

我的原则是："切图简单问题复杂化"。这是我们项目管理的核心。适合的才是对的。当你刚刚接触 ProjectWise 这套机制时，我更建议你首先在本地把工作环境的机理弄清楚，然后再尝试托管。

托管是个简单的过程，但在出现问题后，分析问题、解决问题才是最考验你的时候，特别是在生产过程中，还是保险点好。

因此，首先评估是否需要托管，如果需要，把它放在项目实施的后期。因为，当我们对一件事物接触多了时，也就有了深度，也就有了自己的心得与体会。

10 基于本地工作环境定义实例

作为 BIM 或者三维协同设计的管理者，你的目的是为了建立企业自己的工作环境来涵盖自己的工作标准，虽然你可以全新规划自己 WorkSpace 的目录，但我强烈建议你别另起炉灶，因为你需要思考两个问题：

（1）系统、软件更新时，你更新的工作量。

（2）你定义的目录结构是否比系统预置的好，特别是你刚接触的时候。

所以，你修改了什么，应该有记录，你新加的东西应该有文件名区分（加前缀或者后缀）。我采用的原则是：系统提供的东西，我不动，我另外添加自己的东西即可。这里的"动"与"不动"指的是文件的内容。

下面提供几种方法来建立企业自己的工作环境。

我们建立工作环境时，需要考虑以下几个因素：

（1）项目特有的环境和项目共有的环境分开，其实系统本身也就是这么做的。

（2）不要划分得太细，以平衡便利性和复杂度。例如，在同一个项目的不同专业设定不同的用户，这样做是可以，但做之前，需要衡量是否有必要。

建立企业的工作环境，最好以一个官方的工作环境为模板。中国的用户肯定是以 Dataset_CN 为模板。如果做国外的项目，在 Bentley 的官方网站上还有很多的国外标准工作环境，以下是列举的几个：

- Great Britain/United Kingdom – Dataset_GB。
- Sweden – Dataset_SE。
- Denmark – Dataset_DK。
- Australia/New Zealand – Dataset_ANZ。

- Singapore – Dataset_SG。
- Chinese – Dataset_CN。
- Neutral Metric dataset（EMEA）– Dataset_NM。
- US Metric – Dataset_USM。

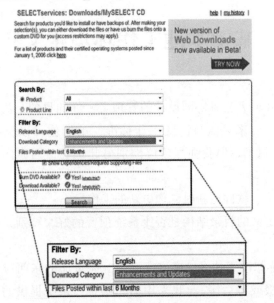

在 Bentley 站点搜索标准环境

根据方式的不同，暂且为大家介绍三种方法，这三种方法的核心都是：配置文件指向资源文件就是工作环境。

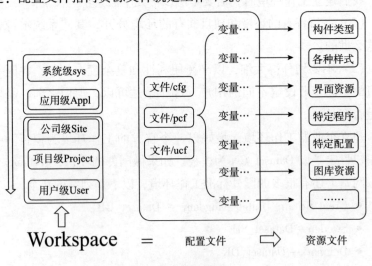

工作环境的核心

10.1　新建工作环境

"新建"最好也是以已有的模板为例，然后复制、修改即可。现假设企业名称简称为 COM。

10.1.1　目录及文件复制

1. Dataset 复制

在 WorkSpace 的 Building Datasets 目录下，将 Dataset_CN 复制更名为 Dataset_COM。Dataset_COM 存储所有项目共有的工作标准。

> ▶ AECOsimBuildingDesigner V8i Ss5CN ▶ WorkSpace ▶ BuildingDatasets ▶
>
> New folder
>
> | Name | Date modified | Type |
> | --- | --- | --- |
> | Dataset_CN | 2014/10/24 9:39 | File folder |
> | Dataset_COM | 2014/10/28 8:21 | File folder |
> | DatasetExtensions | 2014/10/24 9:39 | File folder |

Dataset 复制

2. 项目目录定义

项目的工作内容存储在 WorkSpace 的 Projects 相应的子目录下，这个目录其实是可以更改的，这是由用户配置文件里的 "_USTN_PROJECT = $（_USTN_PROJECTSROOT）BuildingExamples/" 定义的，也可以将其更改到其他位置。在此案例中，还是放置在 Projects 目录下，建立 COM_Projects 目录，用于存储所有的实际项目。

在实际的工作中，很多用户习惯只用一个项目环境，然后工作的文件随便放，这其实是二维设计带给你的影响，BIM 的应用更多的是数据，数据是需要一组文件配合使用。因此，需要明确项目管理的概念。

复制 BuildingExamples 目录下的 BuildingTemplate_CN 项目（包括目录和配置文件）到新建的目录下。

此时，需要分析自己的项目需求，如果企业做的项目类型只有一种，那么一个模板就可以了，如果项目是多种类型，建议建立多个项目模板，以区分不同项目的需求。例如，企业有水

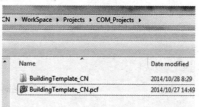

> CN ▶ WorkSpace ▶ Projects ▶ COM_Projects ▶
>
> | Name | Date modified |
> | --- | --- |
> | BuildingTemplate_CN | 2014/10/28 8:29 |
> | BuildingTemplate_CN.pcf | 2014/10/27 14:49 |

复制项目

电、建筑、市政三种项目类型，就应该做如下的项目配置：

- COM_ProjectTemplate_Hydro：用于水电。
- COM_ProjectTemplate_Building：用于建筑。
- COM_ProjectTemplate_Civil：用于市政。

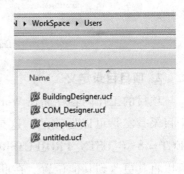

建立不同的项目模板

3. 用户配置文件

有时需要为企业用户建立特定的用户配置，也是没有问题的，以 BuildingDesigner. ucf 为模板复制即可；也可以在同一个项目里区分不同的用户，然后添加特定的配置，就像前面所说，需要考量是否有必要。

4. 界面定义

这一步其实没有太多必要，界面

新建用户配置文件

（Interface）这里指一些快捷键的定义等。快捷键统一，便于统一编写教程和工作流程，这也是很不错的方式。

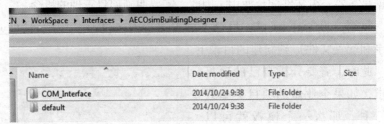

复制界面

10.1.2　配置文件更改

通过上述复制过程，已经将工作环境的"肌肉和骨骼"形成了，但是还没有联通"血液和神经"，更没有注入管理控制的"思想"。

如果这时启动 AECOsimBD 便会发现，虽然可以看到用户，但项目的目录不可以识别，Dataset_COM 更不可能识别，这就需要更改配置文件，让"血液和神经"联通。

看不到相应的项目模板

1. 更改用户配置文件

```
 COM_Designer.ucf - Notepad
File  Edit  Format  View  Help
#-------------------------------------------------------------
#
# COM_Designer.ucf - ProjectTemplate CN User Configuration File
#
# $Copyright: (c) 2013 Bentley Systems, Incorporated. All rights reserved. $
#
#-------------------------------------------------------------
_USTN_USERDESCR = AECOsimBuildingDesigner version of Examples Workspace

_USTN_PROJECT = $(_USTN_PROJECTSROOT)COM_Projects/
_USTN_PROJECTNAME = COM_ProjectTemplate_Building
_USTN_USERINTNAME = COM_Interface

TF_NOCOMPATIBILITYWARNING = 1
```

用户配置文件更改

在上面的配置文件里，更改了项目的目录，更改了默认项目的名称，更改了界面的名称。更改保存后，当启动 AECOsimBD，当选中 COM_Designer 时，项目和界面自动变成设定的值。

用户配置文件控制项目和界面

2. 更改项目配置文件

更改了用户的配置文件后，启动 AECOsimBD 后会发现，系统仍然在寻找 Dataset_CN 目录下的资源，因为，项目配置文件里的Dataset名称没有改，做如下更改即可。

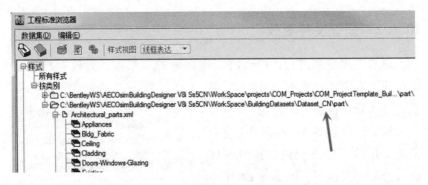

仍然寻找原有的位置

修改项目的配置文件

　　提示：你需要修改所有项目模板的配置文件，在上述修改里，我们还修改了 Project Explorer 工具所浏览的位置配置。

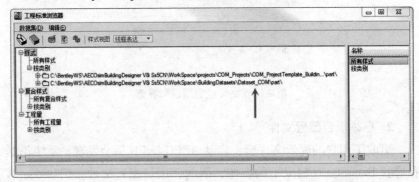

搜索正确的位置

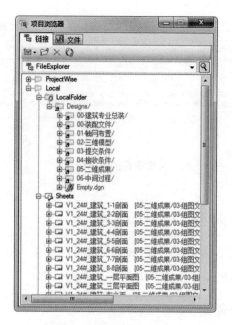

项目浏览器搜索正确的值

10.1.3　实际项目建立

项目模板的框架调整好后，还可以在配置文件里添加更多的变量配置，增加自己的资源文件来满足项目的需求。

进行正式工作时，不应该直接利用项目模板（原因前面已经讲过），而应该以此为模板来建立实际的项目。

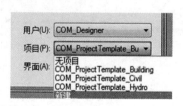

新建项目

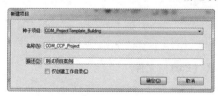

选择正确的项目模板

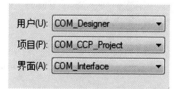

建立的项目

搜索项目的独有配置

10.2 增加内容到工作环境

这种方式是不建立自己的 Dataset 和项目目录，只是增加一些新的资源文件到已有的目录下，或者增加一些自己的目录和变量。

10.2.1 增加资源

系统原有的工作环境，已经给每个目录、文件赋予了特定的含义，只需要按照某种规则，增加所需要加入的资源即可，对于初级的使用者，建议采用这种方式，简单实用。

下面列举一些应用，如果你耐心地看到本书的这个部分，你就会认为这是很简单的事情。

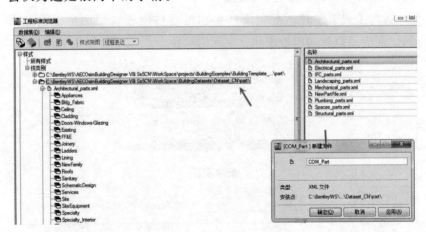

增加新的样式（Part）文件

放置 AutoCAD 字体文件

Ss5CN ▸ WorkSpace ▸ BuildingDatasets ▸ Dataset_CN ▸ data ▸ Interface

Name	Date modified	Type
CNTestGUI.dgnlib	2014/10/27 14:48	Bentley MicroSt
Customization_CN.dgnlib	2014/3/18 6:21	Bentley MicroSt

放置自己的界面定义文件

▸ WorkSpace ▸ BuildingDatasets ▸ Dataset_CN ▸ frame ▸

Name	Date modified	Type
casework	2014/10/24 9:39	File folder
doors	2014/10/27 10:53	File folder
Lifts and Escalators	2014/10/24 9:39	File folder
shelving	2014/10/24 9:39	File folder
staircomponents	2014/10/24 9:39	File folder
windows	2014/10/24 9:39	File folder

门窗库文件

Name	Date modified	Type	Size
DrawingSeedSamples	2014/10/24 9:39	File folder	
BB_FloorMaster.dgnlib	2014/3/18 6:21	Bentley MicroStati...	258 KB
Building_Materials.dgnlib	2013/5/7 23:03	Bentley MicroStati...	3,836 KB
DetailingSymbolStyles.dgnlib	2014/7/11 6:12	Bentley MicroStati...	167 KB
DisplayStyles.dgnlib	2014/6/18 0:50	Bentley MicroStati...	267 KB
DrawingExplorer.dgnlib	2013/5/7 23:03	Bentley MicroStati...	118 KB
DrawingSeed_Architectural.dgnlib	2014/6/18 0:50	Bentley MicroStati...	3,115 KB
DrawingSeed_Electrical.dgnlib	2013/5/7 23:03	Bentley MicroStati...	2,400 KB
DrawingSeed_General.dgnlib	2013/5/7 23:03	Bentley MicroStati...	313 KB
DrawingSeed_Mechanical.dgnlib	2013/5/7 23:03	Bentley MicroStati...	286 KB
DrawingSeed_Structural.dgnlib	2013/5/7 23:03	Bentley MicroStati...	5,540 KB
DrawingStyles.dgnlib	2013/5/7 23:03	Bentley MicroStati...	135 KB
Levels_Architectural_CN.dgnlib	2014/3/18 6:21	Bentley MicroStati...	122 KB
Levels_Civil_CN.dgnlib	2014/3/18 6:21	Bentley MicroStati...	138 KB
Levels_Electrical_CN.dgnlib	2013/5/7 23:03	Bentley MicroStati...	125 KB
Levels_Equipment_CN.dgnlib	2013/5/7 23:03	Bentley MicroStati...	122 KB
Levels_FireProtection_CN.dgnlib	2013/5/7 23:03	Bentley MicroStati...	119 KB
Levels_General_CN.dgnlib	2013/5/7 23:03	Bentley MicroStati...	120 KB
Levels_Interiors_CN.dgnlib	2013/5/7 23:03	Bentley MicroStati...	128 KB
Levels_Landscape_CN.dgnlib	2013/5/7 23:03	Bentley MicroStati...	119 KB

图层、显示样式、文字样式等库文件

Name	Date modified	Type	Size
borders	2014/10/24 9:39	File folder	
DEM_templates	2014/10/24 9:39	File folder	
AreaCalcRpt.dgn	2013/5/7 23:03	Bentley MicroStati...	53 KB
AreaCalcRpt.xls	2013/5/7 23:03	Microsoft Excel 97...	15 KB
BBESCellsSeed.cel	2013/5/7 23:03	Bentley MicroStati...	72 KB
BBESDrawSeed.dgn	2014/10/20 1:46	Bentley MicroStati...	214 KB
besCells.cel	2013/5/7 23:03	Bentley MicroStati...	155 KB
BuildingDesigner.xls	2013/5/7 23:03	Microsoft Excel 97...	142 KB
Design_and_Sheets_Seed.dgn	2014/10/20 1:46	Bentley MicroStati...	432 KB
DesignSeed.dgn	2014/10/20 1:46	Bentley MicroStati...	258 KB
DesignSeed_Electrical.dgn	2014/10/20 1:46	Bentley MicroStati...	242 KB
DesignSeed_Structural.dgn	2014/10/20 1:46	Bentley MicroStati...	268 KB
DIAG5x5.DGN	2013/5/7 23:03	Bentley MicroStati...	44 KB
DIAG6x5.DGN	2013/5/7 23:03	Bentley MicroStati...	43 KB
DIAG9x8.DGN	2013/5/7 23:03	Bentley MicroStati...	43 KB
DIAG16x19.DGN	2013/5/7 23:03	Bentley MicroStati...	43 KB
DrawingSeed.dgn	2014/10/20 1:46	Bentley MicroStati...	230 KB
DrawingSeed_DEM.dgn	2014/10/20 1:46	Bentley MicroStati...	220 KB

种子文件及图框文件

10.2.2　增加目录及配置

如果不想把自己增加的文件与系统原有的文件放在一起，如下方式可以让自己增加的所有的资源文件放到一起，我在系统原有的配置文件里也预留了这样的接口。

打开项目的配置文件，会发现有如下的字样：

```
#= = = = = = = = = = = = = = = = = = = = = = = = = = = = = = = =
# 扩展包内容，
#= = = = = = = = = = = = = = = = = = = = = = = = = = = = = = = =
   # The following config. variables enable additional catalog content for Doors, Stegbar Windows, James Hardie, CSR, Thermomass and Boral Walls, and plumbing fixtures.
# DG_CATALOGS_PATH  > $ (TFDIR) extendedcontent/datagroupcatalogs/
# TFDIR_PART   > $ (TFDIR) extendedcontent/part/
# TFDIR_CPART   > $ (TFDIR) extendedcontent/cpart/
# ATFDIR_DOOR   < $ (TFDIR) extendedcontent/frame/doors/
# ATFDIR_WINDOW  < $ (TFDIR) extendedcontent/frame/windows/
```

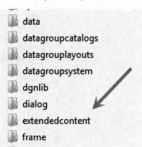

预留扩展目录

这些配置语句都用"#"号注释掉了，没有起作用。在 Dataset_CN 的目录下也有一个"Extendedcontent"的目录，使用者可以按照变量的定义来组织自己的资源目录，也可以建立自己的变量，来让其他的变量引用，如下所示：

```
# Add path to Company and Localized data level portions of the Dataset
#- - - - - - - - - - - - - - - - - - - - - - - - - - - - - - - -
# Discipline_Dataset  = $ (TF_DATASETS) $ (TF_DATASETNAME) /Discipline/XXX/
#- - - - - - - - - - - - - - - - - - - - - - - - - - - - - - - -
# Read Localized cfg - file, which adds search paths to localized dataset subfolders
```

```
# - - - - - - - - - - - - - - - - - - - - - - - - - - - - - - - - - -
# % if exists（$（COMP_DATASET）Dataset_Company.cfg）
# % include $（COMP_DATASET）Dataset_Company.cfg
# % endif
# % if exists（$（Discipline_Dataset）Dataset_Localized_ANZ.cfg）
# % include $（Discipline_Dataset）Dataset_Localized_ANZ.cfg
# % endif
# - - - - - - - - - - - - - - - - - - - - - - - - - - - - - - - - - -
# Add search path for Company & Localised - level/Building type portions of the
# Dataset（Delete or comment out config variables if subfolder does not exist）
# - - - - - - - - - - - - - - - - - - - - - - - - - - - - - - - - - -
#   TFDIR_CELL                  > $（Discipline_Dataset）cell/
#   TFDIR_COMP                  > $（Discipline_Dataset）comp/
#   TFDIR_CPART                 > $（Discipline_Dataset）cpart/
#   TFDIR_PART                  > $（Discipline_Dataset）part/
#   DG_CATALOGS_PATH            > $（Discipline_Dataset）datagroupcatalogs/
#   DG_SCHEDULE_LAYOUT_PATH     > $（Discipline_Dataset）datagrouplayouts/
#   DG_PATH                     > $（Discipline_Dataset）datagroupsystem/
#   TFDIR_FRAME                 > $（Discipline_Dataset）frame/
#   PROJDIR_FRAME               > $（Discipline_Dataset）frame/
#   ATFDIR_CASEWORK             > $（Discipline_Dataset）frame/casework/
#   ATFDIR_Door                 > $（Discipline_Dataset）frame/doors/
#   ATFDIR_Window               > $（Discipline_Dataset）frame/windows/
#   ATFDIR_CELL                 > $（Discipline_Dataset）cell/
#   MS_CELLLIST                 > $（Discipline_Dataset）cell/*.*
#   MS_MATERIAL                 > $（Discipline_Dataset）materials/
#   MS_PATTERN                  > $（Discipline_Dataset）materials/pattern/
#   MS_BUMP                     > $（Discipline_Dataset）materials/bump/
# = = = = = = = = = End of Localized Dataset section = = = = = = = = = = = =
```

10.3　工作环境转向

这种方法相对比较"高级"，适合已经理解到一定深度的用户使用。它的原理在于在系统 WorkSpace 目录的 Standards 子目录下放置一个配置文件进行转向。文件名称不重要，系统都会搜索到。

放置企业配置文件

配置文件的内容如下：

```
# AECOsim Building Designer SS5 - QuickConfig Standard
# StartUp Configuration File
# Bentley Systems UK Ltd - 28 July 2014
# v 1.0 for distribution
#- - - - - - - - - - - - - - - - - - - - - - - - - - - - - -
_COMPANY_WORKSPACE = W：/SS5/
#- - - - - - - - - - - - - - - - - - - - - - - - - - - - - -
# If on network use network workspace and windows username
#- - - - - - - - - - - - - - - - - - - - - - - - - - - - - -
% if exists（$（_COMPANY_WORKSPACE）Standards/）
_USTN_SITE    = $（_COMPANY_WORKSPACE）Standards/
_USTN_PROJECT    = $（parentdevdir（_USTN_SITE））PCF/
_USTN_PROJECTDATA    = P：/$（_USTN_PROJECTNAME）/
% if exists（$（parentdevdir（_USTN_SITE））Users/$（USERNAME）/）
_USTN_USER    = $（parentdevdir（_USTN_SITE））Users/$（USER-
NAME）/
    % else
    % error Your MicroStation user configuration is missing please contact CAD Sup-
port........
    % endif
```

```
_USTN_HOMEROOT   = $ (_USTN_USER)
# - - - - - - - - - - - - - - - - - - - - - - - - - - - - - -
# Process config files in network _USTN_SITE folder
# - - - - - - - - - - - - - - - - - - - - - - - - - - - - - -
% if exists ( $ (_USTN_SITE) * . cfg)
% include $ (_USTN_SITE) * . cfg
% endif
# - - - - - - - - - - - - - - - - - - - - - - - - - - - - - -
# Otherwise use default installation
# - - - - - - - - - - - - - - - - - - - - - - - - - - - - - -
% else
  _USTN_SITE   = $ (_USTN_WORKSPACEROOT) standards/
  _USTN_USERNAME   = BuildingDesigner
  _USTN_USER   = $ (_USTN_WORKSPACEROOT) Users/
# - - - - - - - - - - - - - - - - - - - - - - - - - - - - - -
# common config
# - - - - - - - - - - - - - - - - - - - - - - - - - - - - - -
_USTN_USERINTROOT   = $ (parentdevdir (_USTN_SITE)) Interfaces/
% endif
# - - - - - - - - - - - - - - - - - - - - - - - - - - - - - -
# END
# - - - - - - - - - - - - - - - - - - - - - - - - - - - - - -
```

这些配置其实很简单，它指向了另外的两个虚拟磁盘来读取资源文件。

虚拟的磁盘文件

P 盘用于存储项目文件，W 盘用于存储企业的工作空间 WorkSpace。在 W 盘的 PCF 目录下又可以将 P 盘的目录内容涵盖进来。

这种方法，如果你不太能看懂，我建议你暂时忽略，这只是一种思路，还是那个原则：切勿简单问题复杂化。

11 项目实施过程控制

前面已经谈了很多的"技术细节"，在最后一章，简单说些"实施理论"。我总是认为，技术是次要的，管理理念才是一个核心，也就是做一个事情的方法。

BIM 不是 AECOsimBD，不是 ProjectWise，不是 Bentley Navigator，不是 FM，不是 Products，不是 Solution……

因此，BIM所描述的是一项活动，不是一个对象。我们用术语"建筑信息模型"或简称建筑模型来描述一个建模活动的结果。

Prof. Rafael Sacks

BIM 是一个过程（Process），是通过使用一些产品或者解决方案来达到需求的过程。在一次会议上，我思考了这个问题，总结了如下四句话：

- BIM 是个过程。
- 过程解决的是问题。
- 解决过去很难解决或者不能解决的问题。
- 综合考量所有的问题，而非仅仅是工具。

如果我们认真思考需求，就不会纠结于具体的工具，虽然工具的水平也在提高。

面对 BIM 这个"新兴事物"，我们如何来着手呢？在此简单介绍一个流程，供大家参考，也算是抛砖引玉。

11.1 实施的基本原则

11.1.1 由点到面

在没有梳理出自己的工作流程来满足自己的需求时，我们是不可能做到"全面"推广的，那样做，会遇到很多不可预知也可能无法解决的问题，这当然需要一个需求分析的过程来确定需求。

11.1.2 循序渐进

循序渐进的意思是，将需求分阶段，将目标进行分解，然后分层分级进行控制。很多时候，我们很容易把后面的需求提到前面去，这样做太着急了。三维模型还没有建立完善的时候，就不要设想数字化施工和数字化运维。

11.2 实施的基本步骤

11.2.1 需求分析

需求分析是个不可缺少的过程，这也是为何我把这个过程放在前面的原因。弄清楚自己想干什么，就不要急于开始。

11.2.2 基本培训

软件培训的目的是理解软件可以干什么，这个过程千万要记住，要安排特定的人针对特定的需求和软件，这样做才有意义，才能实现人力、时间资源的有效利用。

在培训过程中，之前需求分析的结果会与软件的功能进行对应，找到解决方法。

11.2.3 导航项目

导航项目的目的是验证软件的功能，提炼自己的需求，完善自己的标准。导航项目结束后，应该对自己的需求做梳理，对实施的流程进行梳理，对工作标准进行梳理。

11. 2. 4　制定标准

这是在实际导航项目的基础上进行的，是为全面推广做准备，全面推广的前提是保证需求可以得到解决，确认工作流程可以走通。这就需要修正工作环境，形成自己的操作手册和管理手册。

11. 2. 5　全面推广

这个过程是检验流程是否正确的过程，也是完善、深化流程和标准的过程。

11. 3　实施的七个层次

如果涉及具体的操作层面，我们又可以将其完善为 7 个层次。

（1）系统安装：保证底层顺利运行。

（2）整体培训：明确可以做什么。

（3）需求分析：想要干什么与能做什么结合。

（4）调整环境：固化需求，形成标准。

（5）测试项目：解决问题，验证流程。

（6）总结过程：需求是否到位，是否有补充和修正。

（7）流程固化：找到方法，对应需求。

任何的事物都有规律，但处理事务的方法没有定势。真实地面对，细心地思考，分步骤地实施，也许是我最后想和大家说的。技术 + 管理 + 咨询，无论是对于人、企业、项目都是不错的实施方式。

12　AECOsimBD 设计实例

12.1　简介

北京中昌工程咨询有限公司成立于 1997 年，具有甲级招标代理、甲级造价咨询、甲级政府采购代理资质，在全国 27 个城市设有分支机构，是一家管理体制健全、运行模式先进、专业性突出的咨询公司。

公司拥有一支德才兼备、技术精湛的专业技术队伍，从业人员近400 人，其中英国皇家特许测量师 3 人，国家注册师 52 人，高级经济（工程）师 35 人；另拥有 900 多人的技术专家库，城市轨道交通、石油、化工、铁路、公路、房建、市政、园林等各类工程咨询专家齐全，能提供全专业、全范围的咨询服务。

公司涉足众多工程领域，尤其在城市轨道交通、石油化工等专业的咨询能力和专业水平卓有成效，公司先后参与全国二十多个城市的地铁建设，完成了五十多条线路累计里程达一千多公里的城市轨道交通工程咨询任务，同时承揽了数百亿元的大型石油化工、煤化工工程的咨询服务业务，是目前国内地铁及石化咨询服务业绩众多、专业较强、影响力较大的咨询公司。

公司重视多年专业实践的经验总结，对城市轨道交通、石油化工的工程招标、合同、造价的管理等有很深入的研究，积累了各类范本、模板和指标，积淀了大量核心信息资源。公司受住房和建设部委托参与《建设工程工程量清单计价规范》附录 I 轨道交通工程量清单计价规范的编制工作，并受多个城市邀请编制、审核当地轨道交通工程预算定额；石化行业委托公司编制《煤直接液化项目工程估算指标》等，从国家及行业标准高度对专业技术进行深度剖析，同时在行业开展各类专业授课。

公司还注重创新发展，自主研发的"建设项目全过程造价管理系统"等业务管理系统，成功应用在大型重点工程建设项目和管理工作中，并取得良好效益，其信息化管理手段在全国同行业领先。历经十余年，公司已建立起全国最大的"中国建筑材料价格网"和"专用材料设备数据库"，独家拥有全国各地各种建筑材料价格信息，能够及时掌握材料设备市场行情，准确提供优质的咨询服务。

北京中昌工程咨询有限公司的发展方向是基于 BIM 技术，以投资管理为核心的项目管理咨询。

12.2　福州万宝项目

12.2.1　项目概况

福州是东南沿海重要都市，位于福建东部，濒临东海，是海峡西岸经济区的政治、经济、文化、科研中心以及现代金融服务业中心。

万宝商圈地处福州市核心位置。工程分地下三层，总建筑面积约19.4万平方米。万宝人防工程建成后具有三层地下室，地下一层、二层为商业、休闲娱乐及餐饮，地下三层为机动车停车场及下穿道路区域。

福州与台湾隔海相望，战略地位极其重要，是全国唯一的一类人民防空重点省会城市。

万宝广场方案鸟瞰图

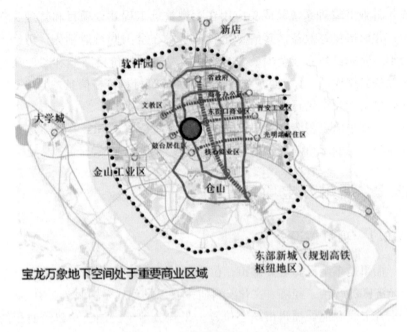

项目区位图

12.2.2 项目特点

1. 工期紧、任务重

福州市万宝广场平站结合人防工程总建筑面积 19.4 万平方米，任务量非常大，按照业主初步设计要求竣工工期暂定为 2016 年 1 月 31 日，时间紧迫。

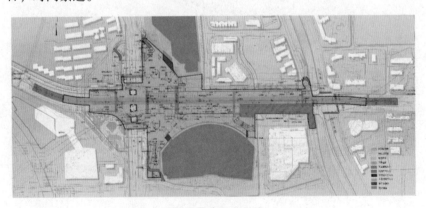

项目平面方案图

2. 施工组织难度大

该工程因涉及施工面积较广，地面交通流量较大，围护结构及顶板施工需经过四次交通疏解才能完成，而且施工场地狭小，周边建筑物、管线较密集，地下障碍物较多且位置不明，需拆迁协调的事宜较多、工序转换频繁，增大了施工组织难度。

3. 前期工程影响大

前期工程包括建（构）筑物拆迁、管线改迁（保护）、绿化拆迁、交通疏解、河道改流等工作。

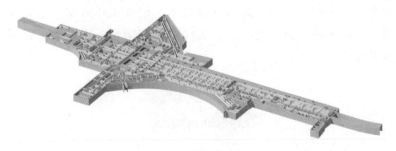

万宝项目模型展示

4. 文明施工及环境保护要求高

该工程地处福州市万宝商圈，车流量大，行人较多，施工场地附近高楼分布较密。施工期间需严格控制噪声、粉尘污染，做好文明施工，减少施工时对周围居民生活的影响。

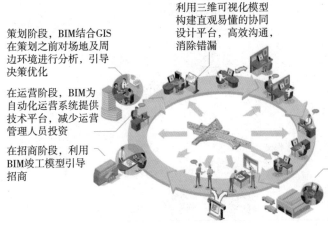

策划阶段，BIM结合GIS在策划之前对场地及周边环境进行分析，引导决策优化

在运营阶段，BIM为自动化运营系统提供技术平台，减少运营管理人员投资

在招商阶段，利用BIM竣工模型引导招商

利用三维可视化模型构建直观易懂的协同设计平台，高效沟通，消除错漏

在施工阶段，BIM模型模拟、优化施工计划，控制工期，3D对照监管施工

各部门基于可视化平台协同工作

12.2.3 组织构架

1. 管理组织构架

成立 BIM 小组，在甲方、设计、施工都不懂 BIM 的情况下，短短 3 个月就使用 BIM 技术取得了很好的效果。

2. PW 组织架构

BIM 应用协同平台将工程信息统一在一个单一的环境中，使工程项目团队中的每一个人能够方便地访问。使业主、施工、设计等各方在一个平台上协作，降低外联成本，增强工作效率，引领项目管理手段进入多维数字化时代，为沟通、管理和决策提供更先进的操作平台。

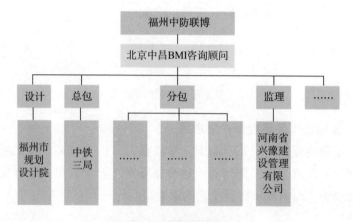

BIM 应用组织架构

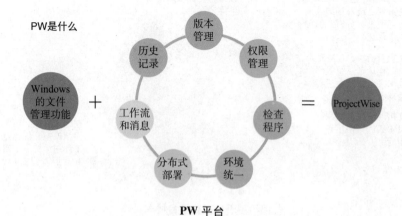

PW 平台

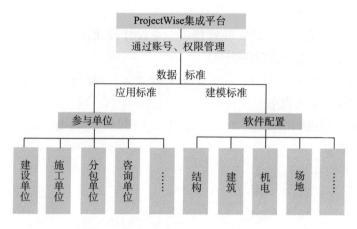

PW 平台架构

3. BIM 应用软件

建筑 AECOsim、结构 AECOsim、钢筋 ProStructures、钢结构 ProStructures、设备 OPENPLANT、管道 OPENPLANT、总图 GEOPAK、道路 INROADS、电器 BCRM。

12.2.4 应用成果

12.2.4.1 设计阶段

1. 方案比选

在协助建筑设计师进行方案模拟时，BIM 应用协同平台有助于业主表达方案预期效果，验证方案合理性。在方案比选时，更为具体形象，为方案决策提供更直观的感受，有助于业主方案推敲和定夺。

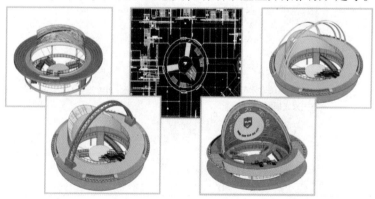

多种下沉广场方案直观比选

2. 辅助设计

（1）辅助建筑设计：验证建筑专业设计合理性；提升设计质量；减少因设计不合理造成的变更。

（2）辅助结构设计：验证结构专业设计合理性；提升设计质量；减少因设计不合理造成的变更。

（3）辅助机电设计：建筑、结构专业模型提交机电专业，辅助提高设计质量。

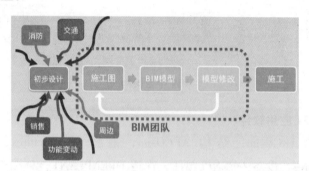

万宝项目工作流程

3. 性能分析

通过对站内风环境的模拟，可以根据业主需求和设计师的理念来确定需要自然通风的关键区域和站内不同高度，针对不同风速对人员舒适度与空气的质量给出优化建议。

通过对采光环境的模拟，设计师根据分析结果对采光较差的房间进行改正，并调整功能布局让建筑功能与建筑性能良好结合。

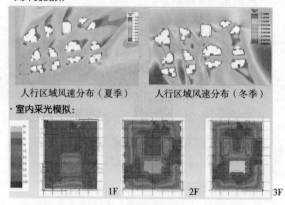

绿色建筑

4. 管线综合

没有建立 BIM 模型时，管线之间的协调是一件很复杂的事情。在施工过程中发现管线有冲突，只有砸掉重来，增加施工成本，延长工期。

BIM 管线综合模型，包含所有专业的直观管线信息，并可以在模型中设置不同的检测原理，进行管线间的碰撞检测，在实际施工图绘制及施工中完全避免冲突。

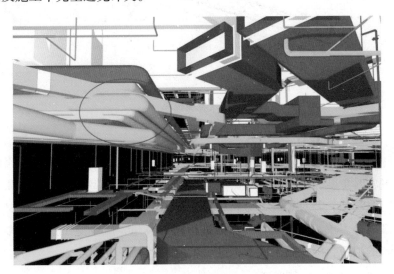

BIM 管线综合模型

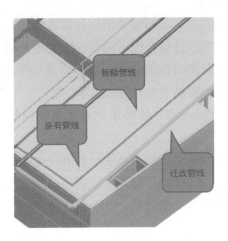

地下管网折线示意

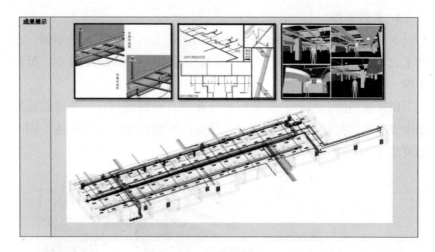

管线碰撞检测

5. 工程量统计

BIM 模型在设计最初就为建筑建立了最初信息库，并随着工程的推进实时更新。当工程进行到一定阶段时，BIM 模型能将所有关联信息组织起来，并对其进行分析计算，生成结构材料明细表、设备材料明细表等表单，为建筑每一部分进行精确算量，减少施工过程中多余材料的浪费，降低施工成本，进一步控制工程预算。

12.2.4.2 施工阶段

1. 施工模拟建造

（1）项目实施模拟。项目实施模拟能够真实、直观地预演项目建造全过程，使各方对该过程有统一的认识。有助于协助业主优化施工组织，预处理施工阶段可能遇到的问题，为施工单位制定人、材、机计划提供参考依据，有助于各方制订成本计划。

（2）市政管线拆改移。辅助业主对复杂部位的施工方案推敲与优化。

（3）明挖顺作法施工。提高业主与各单位沟通与协调的效率。

（4）土方挖运施工模拟：对施工队进行三维交底，避免因对方案理解有误导致的成本与工期损失。

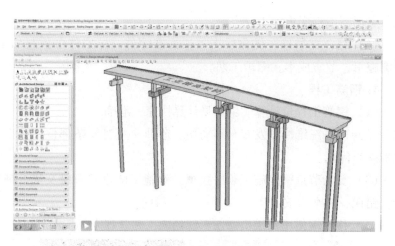

桩基加固方案模拟

2. 施工场地布置

（1）各期场地布置及交通导改方案。协助业主优化施工场地布置，合理规划施工现场物流线路。

（2）大型机械行走路线及工作方案。辅助各方就堆场加工场位置、大型机械选型及进出场、专项施工方案及措施的编制作出决策。

3. 管线综合

（1）管线布置深化设计。深化后的机电专业图纸可直接用于指导施工。

深化后的机电模型

（2）管线接口及搭接放样。管线空间排布科学，净空高度合理，避免施工过程中二次拆改，延误工期，浪费成本；优化后标准管件、异型件可预制加工、照图施工，节省成本，缩短工期。

（3）预留预埋优化设计。预留预埋图纸更加准确，尽可能避免对主要受力构件的破坏；先制定结构构件开洞的补强措施。在关键节点、平面、剖面图不够清晰时，出三维图作为有效补充。工程师对消除错漏碰缺后的三维管线综合模型可以直接生成施工图，三维、二维对照施工实现零工程变更施工。

（4）综合支吊架。优化后支吊架标准管件、异型件可预制加工、照图施工，节省成本，缩短工期。

4. 钢筋工程

（1）钢筋工程量计算。钢筋量计算快速、准确。

（2）现场三维模型发布至移动端。辅助业主对复杂部位的施工方案推敲与优化。

（3）复杂节点钢筋施工顺序模拟。对施工队进行三维交底，减少施工错误，降本增效。

（4）移动端使用三维模型便于现场施工和管理人员技术复核。

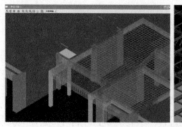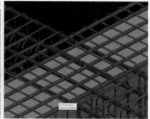

万宝项目局部钢筋模型

5. 钢结构工程及预埋件

（1）钢结构工程量统计。算量快速、准确。

（2）钢结构节点放样。复杂节点算量更为快速和准确，利用模型统一各方算法，有助于业主控制成本。

（3）现场三维模型发布至移动端。移动端使用三维模型便于现场施工和管理人员技术复核。

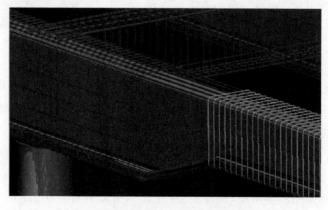

万宝项目局部钢筋钢结构组合模型展示

（4）复杂节点拼装模拟。辅助业主对复杂部位的施工方案推敲与优化。

复杂节点钢筋拼装模型

（5）钢筋、钢结构互为参照模拟，找出碰撞点：对施工队进行三维交底，减少施工错误，降本增效。

（6）预埋件定位与预安装：对施工队进行三维交底，提高沟通效率，减少施工错误。

钢筋现场施工照片

6. 安全管理

（1）大型设备安拆方案。充分考虑各影响因素，有助于施工方优化安拆方案，将可能遇到的问题预处理，降低现场安全风险。

（2）安全防护模拟。就施工现场在各施工阶段的防护措施进行模拟并进行三维交底，有助于施工队伍准确设防并增强防范意识，降低安全事故发生概率。

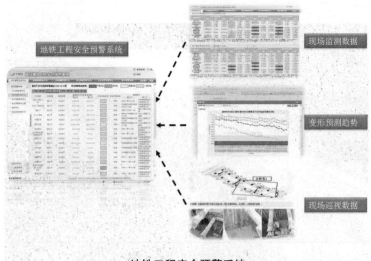

地铁工程安全预警系统

（3）大型基坑变形动态观测。对大型基坑边坡应力及形变实时监测可预判风险源，规避安全风险，降低事故发生概率。

（4）安全事故应急预演（人员疏散）：疏散逃生模拟主要通过人群的行为模式来预测整个疏散过程，根据结果可以清楚地判断各个安全出口的分布和数量、逃生通道宽度、房间的位置关系、整体疏散时间等是否合理，为消防报规提供可靠依据，运维阶段可用于逃生安全交底与教育。

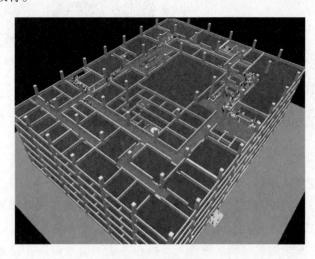

安全逃生模拟方案

7. 施工进度管理平台

施工进度管理平台可实现多维实时进度计划，完成情况动态管理，能够使各方实时掌握现场进度，有助于制订后续工作计划，有助于发现进度问题并及时纠偏，有助于人、材、机计划及成本控制，可更为直观、形象地提高沟通效率。

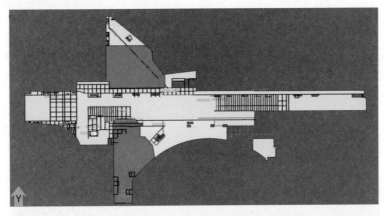

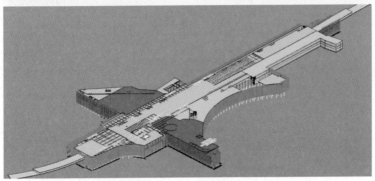

万宝模拟施工进度管理平台

12.2.4.3 运维阶段

1. 招商运维资料

设计中的 BIM 模型可以延续到运营阶段使用，进入运营阶段，建立相应的维护信息库。此时，设备型号、数量、成本数据、维修记录、制造商信息、设备功能等信息被添加到 BIM 模型，运营方能基于该信息库对资产设备进行维护管理。BIM 环境下的设备维护管理减少人力资源，以自动化系统的方式改变传统方式持续为人力付费的局面。设备管理信息模型建立之后几乎可以一劳永逸。

2. 移动端应用

通过 3D 交互软件的配合，BIM 设计模型可以转成轻量浏览模型。业主不用在自己的计算机上安装任何模型软件就可以直接浏览，看到的信息完整，与设计师计算机里的内容完全相同。

Bentley LEARN 学习计划

新的学习模式：持续学习铸就成功的项目团队

Bentley 学院及其 LEARNservices 向 Bentley 的全球社区提供持续不断的学习机会。Bentley 通过产品培训、在线讲座、针对学生和教师的学术计划以及参考书推荐等形式，为当前和未来几代基础设施专业人员提供持续学习的机会。利用这些学习机会的用户每完成一小时培训便可以获得 1 学分。这些学分相当于 Bentley 学院的职业发展学时（PDH），将被记入个人在线成绩单，以证明自己随时间推移所取得的职业发展。

Bentley LEARN 订购助力专业人员及其所在组织通过持续学习以适应任何需求：

- 虚拟课堂的实时培训。
- 按需随时学习的网络课程培训。
- 参加 Bentley 的年度用户大会。
- 免费赠送"快速入门"（提供基于角色的培训）。
- 增强绩效咨询，实现培训价值最大化。
- LEARN iPad 应用程序，适合随身学习。

其他服务

可通过其他服务增强培训订购，从而提高组织特定工作流的效率，这些服务包括：

- 首选位置的定制教学专家可在您选择的位置提供独家、实时的实践培训课程。根据组织的工作流和进度提供定制培训，从而提高盈利能力。

- 专业服务咨询师可帮助您确定自动化设计、施工和运营工作流的方式，从而获得最大的基础设施软件投资回报。在实施过程中增加培训，最大限度地提高解决方案的效率，并实现人员和技术的充分利用。

- 定制学习途径随着时间的推移，帮助您组织培训需求并确定其优先级。根据您的特定工作角色和项目要求定制学习途径，进而提高组织专业培养工作的效率。

　　Bentley 分别在 2012 年和 2013 年荣膺 CEdMA 计算机教育管理学会颁发的奖项，成为第一家获得两次殊荣的公司。我们主要通过以下两项创新而获奖：

- 创新性学习路径应用程序。
- 独一无二的 Bentley LEARNing 大会。

Bentley 未来的学习在线管理系统个人主页将向您提供：

- 个人学习路径。
- 消息提醒。
- 推荐的培训。
- 个人学习历史记录。

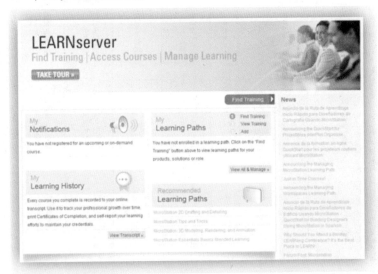

Bentley **LEARNing** 大会今后将在全球各地区举行。为您提供：

- 交互式对话和实践研讨会。
- 涉及的主题有土木、工厂、建筑、地理空间、通信、公用事业、信息移动化和资产管理。
- 关注与上述主题相关的产品培训讲座，其中包括 MicroStation、ProjectWise 和 Bentley 开发者网络讲座。

我们同时通过在线社交平台与您进行持续的相互交流。

有关详情请访问：

http：//www. bentley. com/zh－CN/Training/

对于负责持续提升人才培养并营造优质文化氛围的培训管理人员而言，Bentley 培训订购可提供实时培训和 OnDemand eLearning 选择的最佳组合，以便快速熟悉软件应用并进行职业生涯培训规划。

对于需要提升所有用户技能、提供一流软件支持并简化培训管理的 IT 和 CAD 管理人员而言，Bentley LEARN 培训订购可提高用户技能以减少帮助台的情况。

"通过 Bentley 培训订购，我们可以高效实现要求具备的培训水平，能够以当前规模有效运行，从而为未来的增长打下坚实的基础。"

我们的团队可获得哪些权益？ 您是否曾在翻阅网站宣传手册时产生"好的，听起来不错。相比我们的团队可获得哪些权益？找到最适合您的角色，并了解如何根据自己的情况应用 Bentley LEARN 培训订购服务。		高管	项目主管	培训管理人员	IT和CAD管理人员	软件用户
只需支付一次年费	可精简培训预算并简化购买流程，同时只需支付平常价格的几分之一，即可对所有用户进行培训。	只需支付平常价的几分之一，即可对所有有用户进行培训	消除所有与成本相关的学习难题	精简培训预算并简化购买流程	简化培训管理	解决所有预算批准难题
实时培训	Bentley 专家通过虚拟课堂提供数百个实时培训课程，消除了差旅时间和成本。	消除差旅时间成本，减少二氧化碳排放量	让 Bentley 专家对您的团队进行培训	提供更多课程和培训机会供您选择	提升整个组织的技能水平	通过虚拟课堂参加实时培训
onDemand eLearning	提供数千个自我掌控进度的讲座和课程，提高了工作效率，缩减开支并支持开销减少了调度难题。	快速获得学习投资回报	确保培训需求与项目进度保持一致	解决了培训调度难题	减少了支持手销和帮助咨询量	消除了满足学习需求所需的等待时间
学习途径	确保工作团队具备效率，为人才培养提供战略指导，并营造持续学习的文化氛围。	为人才培养提供战略指导	为人才培养提供战略指导	营造持续学习的文化氛围	简化课程和培训选择	确定学习的优先级，最大程度地实现用户对组织的价值
学习单元	显化在提升用户技能方面投入的学习成绩，以便建立	衡量培训投资回报	衡量项目团队的学习成绩	衡量学习人才培养的进步情况	衡量用户技能提升	衡量个人学习成绩
学习历史记录	通过在线成绩单展示用户技能提升，以展示专业学习优势。	增强竞争优势	展示项目团队的进步情况	展示人才培养的进步情况	展示用户技能提升	展示专业水平提升

后　记

自从出版了《AECOsim Building Designer 使用指南·设计篇》后，便想为高级的使用者或者管理员分享一些心得。今天终于完成了初稿，也算是一件令人欣慰的事情。

《AECOsim Building Designer 使用指南·设计篇》只是对官方教程的注解，这本书才是自己从头到尾真正撰写的"书"，这是一个辛苦的过程，也是一个快乐的过程。这像极了一个马拉松的过程：开始时，也许凭着一股豪气踏上征程，随之而来的疲惫会时时刻刻考验你的内心，当你为自己的坚持而欣慰时，可能又会迎来身体极限而带来的打击，只有你到达终点后，才会体会那时的平静和欣慰，这就是此时我的心理感受。

开始筹划此书时，只有 6 个章节，初版也只有 100 多页，写着写着，就想把更多的内容成体系地呈现给各位同仁，这是个脑力思考的过程，也是一个体力劳作的过程，最后成稿 11 章，近 300 页的篇幅。写到这里时，才发现很多细节没有照顾到，但也只能另行再版，或者在新书里再做叙述。

按照之前的图书规划，已经将规划时的"管理指南"与"自定义构件流程"整合于此书中，后面如果再写的话，可能会写《Bentley 三维协同工作流程》（暂定名）和《AECOsim Building Designer 使用指南·渲染篇》。对于"使用流程"已经积累了一些素材，也许只是个时间的问题。为何要写"渲染篇"呢？只是因为我从来没有深入研究过渲染，也没有艺术的功底来做渲染。但我们没有做过的事情，为何认为我们做不好呢？为何不能总结出自己独特的心得呢？

微信公众号:
BentleyBBS

只要你开始,你就会有收获,与各位共勉。

敬请关注 Bentley 中文知识库的微信公众号,也许可以让我随时把一些有用的信息推送给你。

赵顺耐
2015 年 3 月底